高等教育土建学科专业新形态教材
国家一流本科课程配套教材

结构力学

专题应用篇

曹艳梅　徐艳秋　主编

扫码下载
教学课件

清华大学出版社
北京交通大学出版社
·北京·

内 容 简 介

本书是"结构力学"的专题应用，主要讨论矩阵位移法、影响线及其应用、结构动力学、结构的弹性稳定四大专题内容。紧扣"结构力学"课程"来源工程、反哺工程"的特点，本书以工程案例作为导入，采用"感性入手、理性探究"的教学理念进行撰写和组织，有机融入课程思政案例，注重理论知识与工程应用的结合，内容丰富、全面，叙述详尽，非常适用于"结构力学"课程的一线教学，既可作为土木工程、铁道工程等专业的教材，又可兼作其他专业学生、教师及有关工程技术人员参考用书。

图书在版编目（CIP）数据

结构力学. 专题应用篇／曹艳梅，徐艳秋主编. --北京：北京交通大学出版社：清华大学出版社，2025.5

ISBN 978-7-5121-4994-6

Ⅰ.①结…　Ⅱ.①曹…　②徐…　Ⅲ.①结构力学　Ⅳ.①O342

中国国家版本馆 CIP 数据核字（2023）第 098728 号

结构力学·专题应用篇

JIEGOU LIXUE · ZHUANTI YINGYONG PIAN

责任编辑：严慧明

出版发行：清 华 大 学 出 版 社　　邮编：100084　　电话：010-62776969　　http://www.tup.com.cn
　　　　　北京交通大学出版社　　邮编：100044　　电话：010-51686414　　http://www.bjtup.com.cn
印　刷　者：北京时代华都印刷有限公司
经　　　销：全国新华书店
开　　　本：185 mm×260 mm　　　印张：11.5　　　字数：288 千字
版 印 次：2025 年 5 月第 1 版　　2025 年 5 月第 1 次印刷
定　　　价：39.90 元

前　言

　　随着我国基础建设的持续发展和稳步推进，国家越来越需要大量的高层次土木工程创新型专业人才。如果把土木工程专业知识比作一幢大厦，那么"结构力学"课程便是这座大厦的基石。根据教育部高等学校力学基础课程指导分委员会提出的"结构力学"课程基本要求，该课程主要分为基本部分和专题部分。本书为"结构力学"的专题应用，主要讨论了矩阵位移法、影响线及其应用、结构动力学、结构的弹性稳定四大专题内容。

　　本书紧扣"结构力学"课程"来源工程、反哺工程"的特点，以工程案例作为导入，采用"感性入手、理性探究"的教学理念进行组织和编写，有机融入课程思政案例，注重理论知识与工程应用的结合，完全能够适应以强化工程能力与创新能力为特点的"新工科"建设。本书内容丰富、全面，叙述详尽，课后不仅包括思考与讨论、习题，还包括工程案例分析类的拓展思考，非常适合"结构力学"课程的一线教学。本书既可作为土木工程、铁道工程等专业的教材，又可兼作其他专业学生、教师及有关工程技术人员的参考用书。

　　本书由北京交通大学曹艳梅、徐艳秋主编，其中徐艳秋编写了矩阵位移法、影响线及其应用两个专题，曹艳梅编写了结构动力学、结构的弹性稳定两个专题。

　　由于编者能力有限，本书不足之处在所难免，敬请专家读者批评指正。

编　者
2025 年 3 月于北京交通大学

目 录

课程总论

专题 1

矩阵位移法

教学资源

 引 言

随着经济及科技的发展，工程结构逐渐向大型化和复杂化发展，越来越多的现代宏伟建筑拔地而起，如图 1.1 所示的迪拜哈利法塔、日本明石海峡大桥、上海中心大厦、港珠澳大桥等。组成这些大型结构的构件数量成百上千甚至上万，且多为超静定结构。对超静定结构的分析必须同时考虑平衡条件、变形协调条件、物理条件，从而建立一系列方程进行求解。力法与位移法是分析超静定结构的两种基本方法，都是将结构分析的力学问题演化为代数方程组的求解问题。它们对于计算简图较简单、未知量数目不太多的超静定结构较为实用，但对于未知量数目较多的复杂问题则显得力不从心。

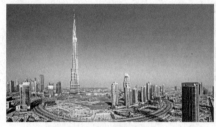

（a）迪拜哈利法塔

（b）日本明石海峡大桥

（c）上海中心大厦

（d）港珠澳大桥

图 1.1

随着计算机技术的不断发展，计算结构力学应运而生。目前国内外已开发了众多结构计算软件，借助这些软件便可对结构建模进行受力分析。计算结构力学的发展不断推动工程结构分析向电算化、智能化方向迈进。

1.1 概　述

　　结构矩阵分析是以经典结构力学作为基本原理，将形成的方程用矩阵形式表达，然后利用计算机技术进行求解，形成结构力学、线性代数、计算机三位一体的求解方法。根据所选基本未知量的不同，结构矩阵分析分为矩阵力法和矩阵位移法。采用矩阵力法分析超静定结构时，对于同一个结构可以采用不同形式的基本结构，且该方法不能用于静定结构的求解，这给计算机的规格化分析带来不便。而采用矩阵位移法分析时，无论是超静定结构还是静定结构，其基本结构都具有确定性，因此在分析过程中更容易规格化，便于编制通用程序进行计算。因此，矩阵位移法成为电算结构力学广泛应用的基本分析方法，该方法对于非杆件结构的连续体受力分析同样适用，具有非常广泛的应用价值。

　　矩阵位移法的基本原理与位移法相同，即先将结构拆成零散的基本杆件，然后对基本杆件进行受力分析，最后再根据结点处的变形协调条件及平衡条件搭成结构。即先拆后搭，也就是离散和集成的过程。本专题主要针对平面杆件结构的矩阵位移法进行讲解，对如图 1.2 所示结构，若用矩阵位移法分析，其大体步骤如下：

　　（1）结构的离散：建立坐标系，对结点、单元进行编码，即将结构信息进行数据化。

　　（2）单元分析：形成单元刚度矩阵及刚度方程。

　　（3）整体分析：形成结构原始刚度矩阵及原始刚度方程。

　　（4）求出结点位移：引入边界条件，求出未知结点位移。

　　（5）计算各单元杆端力：求解各单元杆端力。

　　（6）绘制内力图：绘出结构的弯矩图、剪力图和轴力图。

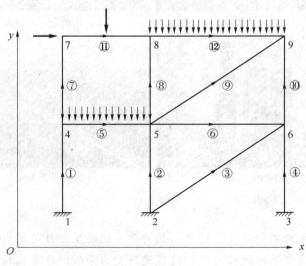

图 1.2

1.2 **结构的离散**

结构的离散是指通过结点将结构离散成一个个单元。为使分析过程规范化，单元宜取等截面直杆。因此，一般将杆件的联结处、截面变化处、支座处或集中力作用处等作为结点。对于曲杆或连续变截面杆件，通常用一系列阶梯状直杆近似代替。

由于矩阵位移法求解过程依靠计算机解决，而计算机在对结构进行分析时，必须将结构的所有信息进行数据化。即用数字描述结点信息、单元信息、支承信息及荷载信息等，以便计算机能够识别，这个过程通常称为结构的数据化。因此，在用矩阵位移法分析结构前，首先要解决的是如何将结构的所有信息用数据进行描述，并输入到计算机程序中。下面讲解杆件结构的离散化过程及具体操作。

1.2.1 坐标系

坐标系包括两个，分别为整体坐标系和单元局部坐标系。

1. 整体坐标系

为便于建立整个结构的分析方程，首先要建立统一的整体坐标系。一般采用直角坐标系 xOy，如图1.3所示，以 x 轴正向逆时针转 $90°$ 为 y 轴正向。整体坐标系通常又称结构坐标系。通过输入 x 坐标和 y 坐标可确定结构中各结点的位置，编制相应程序即可计算单元长度等信息。另外，在整体坐标系中不仅规定结点力和结点位移的方向，也规定单元在整体坐标系下的杆端力和杆端位移方向，这样便于建立结构的整体刚度方程。

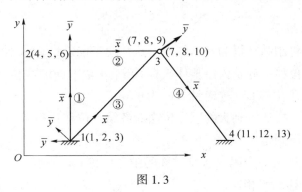

图 1.3

2. 单元局部坐标系

由于各单元与整体坐标系的方向不一致，在整体坐标系下对各单元进行受力分析极其不便，为便于推导单元刚度矩阵及刚度方程，宜为每个单元设定单元局部坐标系 $\bar{x}i\bar{y}$。即以单元始端 i 为局部坐标原点，以从单元始端 i 向末端 j 方向为局部坐标系 $\bar{x}$ 轴的正向，以 $\bar{x}$ 轴正向逆时针转 $90°$ 为 $\bar{y}$ 轴正向（参见图1.3）。

1.2.2 结点整体码、单元码、结点局部码

为便于计算机编程分析，需对结点、单元进行编码。通常每个结点或单元对应一个编码，编码的顺序原则上是任意的，对于同一结构可以有不同的编码方式。对结构结点和单元进行编码的过程，通常称为结构的离散化过程。

1. 结点整体码

结点坐标确定后即可对结点按顺序进行编码，此号码称为结点整体码，习惯用1、2等标记，参见图1.3。属于同一单元的两个结点称为相关结点。为了节省计算机的内存，应尽量使相关结点编码的最大差值为最小。

2. 单元码

连接两个结点的杆件称为单元。对于梁和平面刚架，在矩阵位移法分析中计入受弯杆件的轴向变形，使得每个杆端都有 3 个杆端位移。这样所有受弯杆件（包括静定杆件）都归结为同一类基本单元，非常有利于结构分析的规格化，更适合计算机运算。通常将这种单元称为平面一般弯曲式自由单元。对于平面桁架，由于单元只有轴力，因此每个杆端只有 2 个线位移，链杆为基本单元。

为便于单元分析，宜对每个单元依次进行编码，称为单元码，习惯上用①、②等标记，参见图1.3。

3. 结点局部码

为了便于单元分析，需对单元的两个端点进行编码。单元始端编码为 i，末端编码为 j。

1.2.3 结点整体位移编码、单元定位向量

1. 结点整体位移编码

在平面刚架中，将刚结点设为基本结点，这样便于确定结构基本未知量的数目。即每个基本结点都有 3 个位移，分别为沿整体坐标系 x、y 轴方向的线位移 u、v（与坐标轴正向指向一致为正）和角位移 φ（逆时针方向为正）。

确定结点编码后，按从小到大的顺序依次对各结点位移进行编码，此号码称为结点整体位移码，其编码的原则是：

（1）一个结点位移编一个码（包括已知的结点位移）；

（2）相同结点位移编码相同。

对于刚结点，由于结点位移与所连接的各单元的杆端位移协调一致，即都有 3 个结点位移分量，只需依次编制 3 个结点位移码即可。如图1.3中结点 2 的结点位移码按（4，5，6）标记，分别表示 x、y 方向线位移及角位移。对于铰结点或组合结点，由于仅有线位移与所连接的各单元的杆端线位移协调一致，而所连接的各单元杆端角位移各自独立，因此通常采用在铰结点连接的单元杆端增加角位移编码。例如，图1.3中的组合结点 3 连接单元②、③、④，其中单元②与单元③刚结，然后与单元④铰结。因此，对单元②及单

元③的 3 结点端设结点位移编码为（7，8，9），而对于单元④的 3 结点端设结点位移编码为（7，8，10）。

对于平面桁架，则将铰结点设为基本结点，每个基本结点只有 2 个线位移。因此每个结点只需编制 2 个结点位移编码，如图 1.4 中所示的结点编号后面括号内的数字。

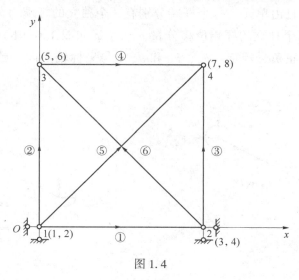

图 1.4

2. 单元定位向量

对于平面刚架，由于单元的每个杆端都有 3 个杆端位移，对应的 3 个编码称为杆端位移局部编码。从单元杆端位移局部编码和结点整体位移编码对应关系，可以确定单元 6 个杆端位移在整体结点位移向量中的位置。可以用 6 个元素向量来表示，记为 $\boldsymbol{\lambda}^e$，称为单元定位向量。以图 1.3 中单元②为例，单元定位向量为

$$\boldsymbol{\lambda}^{②} = [4 \quad 5 \quad 6 \quad 7 \quad 8 \quad 9]^{\mathrm{T}}$$

杆端位移局部编码和单元②杆端位移对应的结点整体位移编码如图 1.5 所示。

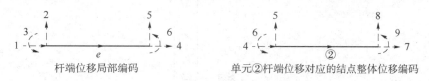

杆端位移局部编码　　　　　　　　　单元②杆端位移对应的结点整体位移编码

图 1.5

1.3　单元分析

单元分析的任务是建立整体坐标系下单元杆端力与杆端位移之间的关系。在进行单元分析时，首先是建立局部坐标系下单元杆端力向量与杆端位移向量之间的关系，形成局部坐标系下单元刚度矩阵及刚度方程。然后再通过坐标转换得到整体坐标系下单元杆端力向量和杆端位移向量之间的关系，从而形成整体坐标系下单元刚度矩阵及刚度方程。

1.3.1 单元杆端力向量及杆端位移向量

取杆件结构中某一单元，其在整个结构中的单元编号为 e，它联结 i 和 j 两个结点。对于平面一般弯曲式自由单元，每个杆端分别有 3 个独立的杆端力分量 F_x、F_y、M，如图 1.6（a）所示，3 个独立的杆端位移分量 u、v、φ 如图 1.6（b）所示。整体坐标系中杆端力和杆端位移正负号规定：F_x、F_y 和 u、v 与坐标轴正向一致为正，M 和 φ 均以逆时针方向转动为正。

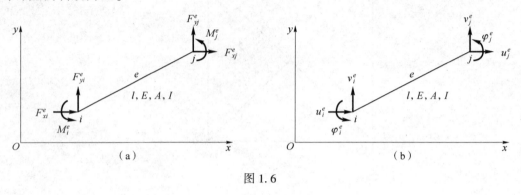

图 1.6

在整体坐标系中，单元杆端力和杆端位移用向量形式分别表示为

$$\boldsymbol{F}^e = \begin{bmatrix} \boldsymbol{F}_i \\ \boldsymbol{F}_j \end{bmatrix}^e = \begin{bmatrix} F_{xi} \\ F_{yi} \\ M_i \\ F_{xj} \\ F_{yj} \\ M_j \end{bmatrix}^e \tag{1.1}$$

$$\boldsymbol{\delta}^e = \begin{bmatrix} \boldsymbol{\delta}_i \\ \boldsymbol{\delta}_j \end{bmatrix}^e = \begin{bmatrix} u_i \\ v_i \\ \varphi_i \\ u_j \\ v_j \\ \varphi_j \end{bmatrix}^e \tag{1.2}$$

为便于单元刚度矩阵及刚度方程的推导，需采用局部坐标系下的单元杆端力及杆端位移。为了便于区分，将各变量符号上冠一短横线表达局部坐标系中各物理量。图 1.7（a）为局部坐标系下单元杆端力分量 $\bar{F}_N$、$\bar{F}_S$、$\bar{M}$，图 1.7（b）为局部坐标系下单元杆端位移分量 $\bar{u}$、$\bar{v}$、$\bar{\varphi}$。局部坐标系中单元杆端力和杆端位移正负号规定：$\bar{F}_N$、$\bar{F}_S$ 和 $\bar{u}$、$\bar{v}$ 与局部坐标轴正向一致为正，$\bar{M}$ 和 $\bar{\varphi}$ 均以逆时针方向转动为正。

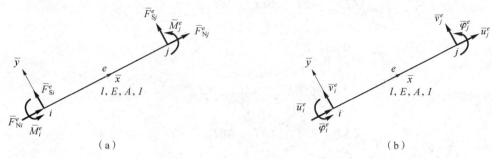

图 1.7

局部坐标系中单元杆端力和杆端位移用向量形式分别表示为

$$\bar{F}^e = \left[\begin{array}{c} \bar{F}_i \\ \bar{F}_j \end{array}\right]^e = \left[\begin{array}{c} \bar{F}_{Ni} \\ \bar{F}_{Si} \\ \bar{M}_i \\ \bar{F}_{Nj} \\ \bar{F}_{Sj} \\ \bar{M}_j \end{array}\right]^e \qquad (1.3)$$

$$\bar{\delta}^e = \left[\begin{array}{c} \bar{\delta}_i \\ \bar{\delta}_j \end{array}\right]^e = \left[\begin{array}{c} \bar{u}_i \\ \bar{v}_i \\ \bar{\varphi}_i \\ \bar{u}_j \\ \bar{v}_j \\ \bar{\varphi}_j \end{array}\right]^e \qquad (1.4)$$

1.3.2 局部坐标系下单元刚度矩阵

若单元上无荷载作用，根据胡克定律，不难确定仅当某一杆端位移分量为 1 时的杆端力分量，即可按两端固定单跨梁仅发生某一单位支座位移情况进行求解，如图 1.8 所示。

在线性小变形范围内，根据叠加原理可写出局部坐标系下单元各杆端力分量、杆端位移分量的关系，即

$$\bar{F}_{Ni}^e = \frac{EA}{l}\bar{u}_i^e - \frac{EA}{l}\bar{u}_j^e$$

$$\bar{F}_{Si}^e = \frac{12EI}{l^3}\bar{v}_i^e + \frac{6EI}{l^2}\bar{\varphi}_i^e - \frac{12EI}{l^3}\bar{v}_j^e + \frac{6EI}{l^2}\bar{\varphi}_j^e$$

$$\overline{M}_i^e = \frac{6EI}{l^2}\overline{v}_i^e + \frac{4EI}{l}\overline{\varphi}_i^e - \frac{6EI}{l^2}\overline{v}_j^e + \frac{2EI}{l}\overline{\varphi}_j^e$$

$$\overline{F}_{Nj}^e = -\frac{EA}{l}\overline{u}_i^e + \frac{EA}{l}\overline{u}_j^e$$

$$\overline{F}_{Sj}^e = -\frac{12EI}{l^3}\overline{v}_i^e - \frac{6EI}{l^2}\overline{\varphi}_i^e + \frac{12EI}{l^3}\overline{v}_j^e - \frac{6EI}{l^2}\overline{\varphi}_j^e$$

$$\overline{M}_j^e = \frac{6EI}{l^2}\overline{v}_i^e + \frac{2EI}{l}\overline{\varphi}_i^e - \frac{6EI}{l^2}\overline{v}_j^e + \frac{4EI}{l}\overline{\varphi}_j^e$$

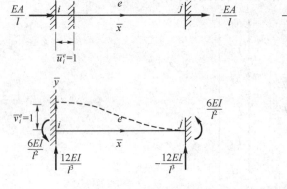

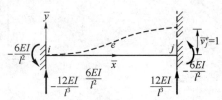

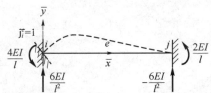

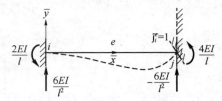

图 1.8

写成矩阵形式为

$$\begin{bmatrix} \overline{F}_{Ni} \\ \overline{F}_{Si} \\ \overline{M}_i \\ \overline{F}_{Nj} \\ \overline{F}_{Sj} \\ \overline{M}_j \end{bmatrix}^e = \begin{bmatrix} \dfrac{EA}{l} & 0 & 0 & -\dfrac{EA}{l} & 0 & 0 \\ 0 & \dfrac{12EI}{l^3} & \dfrac{6EI}{l^2} & 0 & -\dfrac{12EI}{l^3} & \dfrac{6EI}{l^2} \\ 0 & \dfrac{6EI}{l^2} & \dfrac{4EI}{l} & 0 & -\dfrac{6EI}{l^2} & \dfrac{2EI}{l} \\ -\dfrac{EA}{l} & 0 & 0 & \dfrac{EA}{l} & 0 & 0 \\ 0 & -\dfrac{12EI}{l^3} & -\dfrac{6EI}{l^2} & 0 & \dfrac{12EI}{l^3} & -\dfrac{6EI}{l^2} \\ 0 & \dfrac{6EI}{l^2} & \dfrac{2EI}{l} & 0 & -\dfrac{6EI}{l^2} & \dfrac{4EI}{l} \end{bmatrix} \begin{bmatrix} \overline{u}_i \\ \overline{v}_i \\ \overline{\varphi}_i \\ \overline{u}_j \\ \overline{v}_j \\ \overline{\varphi}_j \end{bmatrix}^e \qquad (1.5)$$

此式即为局部坐标系下平面弯曲式自由单元的刚度方程，式中 E 为材料弹性模量，l、A、I 分别为杆件长度、截面面积和截面惯性矩。该式可简写为

$$\bar{F}^e = \bar{k}^e \, \bar{\delta}^e \tag{1.6}$$

其中

$$\bar{k}^e = \begin{bmatrix} \dfrac{EA}{l} & 0 & 0 & -\dfrac{EA}{l} & 0 & 0 \\[2ex] 0 & \dfrac{12EI}{l^3} & \dfrac{6EI}{l^2} & 0 & -\dfrac{12EI}{l^3} & \dfrac{6EI}{l^2} \\[2ex] 0 & \dfrac{6EI}{l^2} & \dfrac{4EI}{l} & 0 & -\dfrac{6EI}{l^2} & \dfrac{2EI}{l} \\[2ex] -\dfrac{EA}{l} & 0 & 0 & \dfrac{EA}{l} & 0 & 0 \\[2ex] 0 & -\dfrac{12EI}{l^3} & -\dfrac{6EI}{l^2} & 0 & \dfrac{12EI}{l^3} & -\dfrac{6EI}{l^2} \\[2ex] 0 & \dfrac{6EI}{l^2} & \dfrac{2EI}{l} & 0 & -\dfrac{6EI}{l^2} & \dfrac{4EI}{l} \end{bmatrix} \tag{1.7}$$

$\bar{k}^e$ 称为局部坐标系下平面弯曲式自由单元的刚度矩阵（简称单刚），它的行数等于单元杆端力列向量的分量数，列数等于单元杆端位移列向量的分量数。不难看出，局部坐标系下单元刚度矩阵具有以下重要性质：

（1）方阵：由于单元杆端力和相应杆端位移数量总是相等的，因此 $\bar{k}^e$ 是方阵。

（2）对称性：由反力互等定理可得出位于主对角线两边对称位置的两个元素是相等的，因此 $\bar{k}^e$ 是一个对称矩阵。

（3）奇异性：若将第 1 行（列）元素与第 4 行（列）元素相加，则所得一行（列）元素全等于零；或将第 2 行（列）与第 5 行（列）相加也等于零。这表明矩阵 $\bar{k}^e$ 相应的行列式等于零，因此 $\bar{k}^e$ 是奇异的。因此若给定杆端位移 $\bar{\delta}^e$ 可求出杆端力 $\bar{F}^e$；但若给定杆端力 $\bar{F}^e$，却不能求出杆端位移 $\bar{\delta}^e$。从物理概念上理解，这是由于我们所讨论的单元是一个两端没有任何约束的自由单元，杆端位移除了由杆端力引起的轴向变形和弯曲变形外，还有任意的刚体位移。因此，若给定 $\bar{F}^e$，无法求出 $\bar{\delta}^e$ 的唯一解。

对于平面桁架中的杆件，单元杆端力则只有轴力，弯矩和剪力为零，如图 1.9 所示。

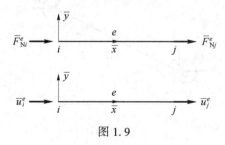

图 1.9

为了以后方便坐标转换，只需从一般单元刚度方程中删去杆端弯矩对应的行及杆端转角对应的列，而将杆端 $\bar{y}$ 方向力对应的行及 $\bar{y}$ 方向位移对应的列置为零。因此，平面桁架局部坐标系下单元刚度方程为

$$\begin{bmatrix} \overline{F}_{\text{N}i} \\ \overline{F}_{\text{S}i} \\ \overline{F}_{\text{N}j} \\ \overline{F}_{\text{S}j} \end{bmatrix}^e = \begin{bmatrix} \dfrac{EA}{l} & 0 & -\dfrac{EA}{l} & 0 \\ 0 & 0 & 0 & 0 \\ -\dfrac{EA}{l} & 0 & \dfrac{EA}{l} & 0 \\ 0 & 0 & 0 & 0 \end{bmatrix} \begin{bmatrix} \bar{u}_i \\ \bar{v}_i \\ \bar{u}_j \\ \bar{v}_j \end{bmatrix}^e \tag{1.8}$$

单元刚度矩阵为

$$\bar{k}^e = \begin{bmatrix} \dfrac{EA}{l} & 0 & -\dfrac{EA}{l} & 0 \\ 0 & 0 & 0 & 0 \\ -\dfrac{EA}{l} & 0 & \dfrac{EA}{l} & 0 \\ 0 & 0 & 0 & 0 \end{bmatrix} \tag{1.9}$$

对于其他特殊的杆件单元，可以按同样的方法进行处理。

1.3.3 单元刚度矩阵的坐标转换

上面所建立的单元刚度矩阵是在局部坐标系中的。对于整个结构，各单元的局部坐标系一般各不相同，这样在建立结点平衡方程时非常不便。因此，对结构整体分析之前，需将各单元局部坐标系中的杆端力、杆端位移和刚度矩阵转换到整体坐标系中。

首先讨论两种坐标系中单元杆端力之间的转换关系，图 1.10 为平面一般弯曲式自由单元 e，局部坐标系与整体坐标系的夹角为 α，通常称为单元的方位角，其值为由整体坐标系的 x 轴方向沿逆时针方向转至局部坐标系的 $\bar{x}$ 轴方向所转的角度。图 1.10 中分别示出了单元 e 在局部坐标系和整体坐标系中 i 端和 j 端的杆端力。

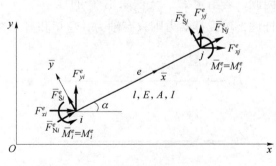

图 1.10

由于两种坐标系中的弯矩都是作用于垂直于坐标平面的力偶矢量，故不受平面内坐标变换的影响，即

$$\left.\begin{array}{c}\overline{M}_i^e = M_i^e \\ \overline{M}_j^e = M_j^e\end{array}\right\}$$

根据力的投影关系可得

$$\left.\begin{array}{l}\overline{F}_{Ni}^e = F_{xi}^e \cos\alpha + F_{yi}^e \sin\alpha \\ \overline{F}_{Si}^e = -F_{xi}^e \sin\alpha + F_{yi}^e \cos\alpha \\ \overline{F}_{Nj}^e = F_{xj}^e \cos\alpha + F_{yj}^e \sin\alpha \\ \overline{F}_{Sj}^e = -F_{xj}^e \sin\alpha + F_{yj}^e \cos\alpha\end{array}\right\} \tag{1.10}$$

将式（1.10）写成矩阵形式，则有

$$\begin{bmatrix}\overline{F}_{Ni} \\ \overline{F}_{Si} \\ \overline{M}_i \\ \overline{F}_{Nj} \\ \overline{F}_{Sj} \\ \overline{M}_j\end{bmatrix}^e = \begin{bmatrix} \cos\alpha & \sin\alpha & 0 & 0 & 0 & 0 \\ -\sin\alpha & \cos\alpha & 0 & 0 & 0 & 0 \\ 0 & 0 & 1 & 0 & 0 & 0 \\ 0 & 0 & 0 & \cos\alpha & \sin\alpha & 0 \\ 0 & 0 & 0 & -\sin\alpha & \cos\alpha & 0 \\ 0 & 0 & 0 & 0 & 0 & 1 \end{bmatrix}\begin{bmatrix}F_{xi} \\ F_{yi} \\ M_i \\ F_{xj} \\ F_{yj} \\ M_j\end{bmatrix}^e \tag{1.11}$$

或简写为

$$\overline{F}^e = TF^e \tag{1.12}$$

$$T = \begin{bmatrix} \overline{\lambda} & 0 \\ 0 & \overline{\lambda} \end{bmatrix} \tag{1.13}$$

其中，$\overline{\lambda} = \begin{bmatrix} \cos\alpha & \sin\alpha & 0 \\ -\sin\alpha & \cos\alpha & 0 \\ 0 & 0 & 1 \end{bmatrix}$，$T$ 称为坐标转换矩阵，它是一个正交矩阵，其矩阵元素取决于单元的方位角 α。

显然，两个坐标系中杆端力的转换关系同样适用于杆端位移之间的转换，即

$$\overline{\delta}^e = T\delta^e \tag{1.14}$$

对于平面桁架杆件，坐标转换矩阵则变为

$$T = \begin{bmatrix} \cos\alpha & \sin\alpha & 0 & 0 \\ -\sin\alpha & \cos\alpha & 0 & 0 \\ 0 & 0 & \cos\alpha & \sin\alpha \\ 0 & 0 & -\sin\alpha & \cos\alpha \end{bmatrix} \tag{1.15}$$

1.3.4　整体坐标系下单元刚度矩阵

将式（1.12）、式（1.14）代入式（1.6），则有

$$TF^e = \bar{k}^e T\delta^e \tag{1.16}$$

将式（1.16）两边同时左乘 T^{-1} 得

$$F^e = T^{-1}\bar{k}^e T\delta^e \tag{1.17}$$

由于坐标转换矩阵 T 是一个正交矩阵，因而有

$$T^{-1} = T^T \tag{1.18}$$

故式（1.17）可写为

$$F^e = T^T \bar{k}^e T\delta^e \tag{1.19}$$

或写为

$$F^e = k^e \delta^e \tag{1.20}$$

式（1.20）称为整体坐标系下单元刚度方程；k^e 为整体坐标系下单元刚度矩阵，表达了整体坐标系中单元杆端力与杆端位移之间的关系，它是单元刚度矩阵由局部坐标系向整体坐标系转换的公式，记为

$$k^e = T^T \bar{k}^e T \tag{1.21}$$

将式（1.7）和式（1.13）代入式（1.21）进行矩阵运算，即可得出整体坐标系下单元刚度矩阵。为了便于以后对结构的每个结点分别建立平衡方程，可将式（1.20）的单元刚度方程按单元的结点 i、j 进行分块，写成以下形式：

$$\begin{bmatrix} F_i \\ F_j \end{bmatrix}^e = \begin{bmatrix} k_{ii} & k_{ij} \\ k_{ji} & k_{jj} \end{bmatrix}^e \begin{bmatrix} \delta_i \\ \delta_j \end{bmatrix}^e \tag{1.22}$$

展开可得

$$\left.\begin{aligned} F_i^e = k_{ii}^e\delta_i^e + k_{ij}^e\delta_j^e \\ F_j^e = k_{ji}^e\delta_i^e + k_{jj}^e\delta_j^e \end{aligned}\right\} \tag{1.23}$$

$$F_i^e = \begin{bmatrix} F_{xi} \\ F_{yi} \\ M_i \end{bmatrix}, F_j^e = \begin{bmatrix} F_{xj} \\ F_{yj} \\ M_j \end{bmatrix}, \delta_i^e = \begin{bmatrix} u_i^e \\ v_i^e \\ \varphi_i^e \end{bmatrix}, \delta_j^e = \begin{bmatrix} u_j^e \\ v_j^e \\ \varphi_j^e \end{bmatrix}$$

式中，F_i^e、F_j^e 分别为单元 i 端和 j 端的杆端力子向量；δ_i^e、δ_j^e 分别为单元 i 端和 j 端的杆端位移子向量；k_{ii}^e、k_{ij}^e、k_{ji}^e、k_{jj}^e 为单元刚度矩阵的四个子块，其中 k_{ii}^e 表示单元 i 端发生各单位位移时 i 端处产生的杆端力，称为主子块；k_{ij}^e 表示单元 j 端发生各单位位移时 i 端处产生的杆端力，称为副子块；其他以此类推。不难得出，整体坐标系下单元刚度矩阵 k^e 仍然是对称的和奇异的。

1.4 整体分析

整体分析的任务是在单元分析的基础上，考虑结点的平衡条件和几何条件，建立结点力与结点位移之间的关系方程。若一个结构总共有 n 个结点，则作用于每个结点上的结点力一共有 3 个，分别为沿整体坐标系 x、y 轴方向的力 F_{xi}、F_{yi}（与坐标轴正向指向一致为正）及力矩 M_i（逆时针方向为正），用向量形式表示为

$$F = \begin{bmatrix} F_1 \\ F_2 \\ \vdots \\ F_i \\ \vdots \\ F_n \end{bmatrix}, \quad F_i = \begin{bmatrix} F_{xi} \\ F_{yi} \\ M_i \end{bmatrix} \quad (i = 1, \cdots, n) \tag{1.24}$$

结点位移（包括已知及未知结点位移）用向量形式表示为

$$\Delta = \begin{bmatrix} \Delta_1 \\ \Delta_2 \\ \vdots \\ \Delta_i \\ \vdots \\ \Delta_n \end{bmatrix}, \quad \Delta_i = \begin{bmatrix} u_i \\ v_i \\ \varphi_i \end{bmatrix} \quad (i = 1, \cdots, n) \tag{1.25}$$

1.4.1 建立结构的结点力列向量

由于作用在结构上的荷载通常有直接结点荷载和非结点荷载，对于非结点荷载需要处理成等效结点荷载。接下来将对不同荷载作用情况下的结点力列向量分别进行说明。

1. 直接结点荷载作用

以图 1.11 所示刚架为例进行说明，其离散化信息如图 1.11 及表 1.1 所示。

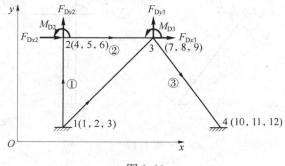

图 1.11

表 1.1　各单元始末端结点码及结点位移编码

单元码	结点码（结点位移编码）	
	始端 i	末端 j
①	1 (1, 2, 3)	2 (4, 5, 6)
②	2 (4, 5, 6)	3 (7, 8, 9)
③	3 (7, 8, 9)	4 (10, 11, 12)

当刚架只承受结点荷载作用时，结点力（包括荷载和反力）列向量为

$$F = \begin{bmatrix} F_{D1} \\ F_{D2} \\ F_{D3} \\ F_{D4} \end{bmatrix} \tag{1.26}$$

式中，F_{Di} 为直接作用于结点 i 处结点力列向量，它有 3 个分量，分别为

$$F_{Di} = \begin{bmatrix} F_{Dxi} \\ F_{Dyi} \\ M_{Di} \end{bmatrix} \quad (i = 1,2,3,4)$$

其中，结点 2、3 的结点外力 F_{D2}、F_{D3} 为已知结点荷载，结点 1、4 的结点外力 F_{D1}、F_{D4} 为未知的支座反力。

2. 非结点荷载作用

当结构上作用非结点荷载时，如图 1.12（a）所示刚架，则需将非结点荷载处理成等效结点荷载，具体按以下布置采用叠加法进行。

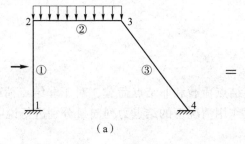

（a）

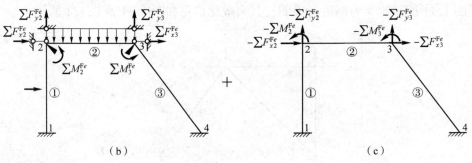

（b）　　　　　　　　　　　　　　（c）

图 1.12

1）固结结点

与位移法一样，沿所有未知结点位移方向加上附加链杆及附加刚臂阻止所有结点线位

移和角位移。此时各单元在非结点荷载作用下将产生固端杆端力（以下简称固端力）。局部坐标系下单元的固端力列向量表达为

$$
\overline{\boldsymbol{F}}^{Fe} = \left[\begin{array}{c} \overline{\boldsymbol{F}}_i^F \\ \overline{\boldsymbol{F}}_j^F \end{array}\right]^e = \left[\begin{array}{c} \overline{F}_{Ni}^F \\ \overline{F}_{Si}^F \\ \overline{M}_i^F \\ \overline{F}_{Nj}^F \\ \overline{F}_{Sj}^F \\ \overline{M}_j^F \end{array}\right]^e
\tag{1.27}
$$

其中，上标"F"表示固端情况。所谓固端力，即为两端固定等截面直杆在荷载及温度变化等外因作用下的杆端力，与位移法一样，可通过事先做好的表格（见表1.2）查询得到。整体坐标系下单元的固端力表达为

$$
\boldsymbol{F}^{Fe} = \left[\begin{array}{c} \boldsymbol{F}_i^F \\ \boldsymbol{F}_j^F \end{array}\right]^e = \left[\begin{array}{c} F_{xi}^F \\ F_{yi}^F \\ M_i^F \\ F_{xj}^F \\ F_{yj}^F \\ M_j^F \end{array}\right]^e
\tag{1.28}
$$

由式（1.12）和式（1.18）可知，由局部坐标系下单元固端力即可求得整体坐标系下单元固端力列向量，为

$$
\boldsymbol{F}^{Fe} = \boldsymbol{T}^{\mathrm{T}} \, \overline{\boldsymbol{F}}^{Fe}
\tag{1.29}
$$

由结点平衡条件求解汇交于各结点固端力的代数和，如图1.12（b）所示。

2）放松结点

将固端力反向后作为荷载施加在结点上，如图1.12（c）所示。一般将这种非结点荷载形成的结点荷载称为等效结点荷载。所谓"等效"，是指图1.12（c）与图1.12（a）所示两种情况的结点位移是相等的，因为图1.12（b）中的结点位移为零。这样在等效荷载作用下求得的结点位移就是原结构的实际结点位移。

各单元均做以上处理后，任一结点 i 上的等效结点荷载 $\boldsymbol{F}_{Ei}$ 列向量为

$$
\boldsymbol{F}_{Ei} = \left[\begin{array}{c} F_{Exi} \\ F_{Eyi} \\ M_{Ei} \end{array}\right] = \left[\begin{array}{c} -\sum F_{xi}^{Fe} \\ -\sum F_{xi}^{Fe} \\ -\sum M_i^{Fe} \end{array}\right] = -\sum F_i^{Fe}
\tag{1.30}
$$

则结点力（包括荷载和反力）列向量分块形式为

$$
\boldsymbol{F} = \left[\begin{array}{c} \boldsymbol{F}_{E1} \\ \boldsymbol{F}_{E2} \\ \boldsymbol{F}_{E3} \\ \boldsymbol{F}_{E4} \end{array}\right]
\tag{1.31}
$$

3）叠加求内力

将以上两步内力相叠加，即为原结构在非结点荷载作用下的内力解答。

表1.2　等截面直杆单元固端力

序号	荷载	固端力	始端 i	末端 j
1		$\overline{F}_N^F$	$-\dfrac{F_{Px}b}{l}$	$-\dfrac{F_{Px}a}{l}$
		$\overline{F}_S^F$	$-\dfrac{F_{Py}b^2\,(l+2a)}{l^3}$	$-\dfrac{F_{Py}a^2\,(l+2b)}{l^3}$
		$\overline{M}^F$	$-\dfrac{F_{Py}ab^2}{l^2}$	$\dfrac{F_{Py}a^2b}{l^2}$
2		$\overline{F}_N^F$	$\dfrac{pa\,(l+b)}{2l}$	$-\dfrac{pa^2}{2l}$
		$\overline{F}_S^F$	$-\dfrac{qa\,(2l^3-2la^2+a^3)}{2l^3}$	$-\dfrac{qa^3\,(2l-a)}{2l^3}$
		$\overline{M}^F$	$-\dfrac{qa^2\,(6l^2-8la+3a^2)}{12l^2}$	$\dfrac{qa^3\,(4l-3a)}{12l^2}$
3		$\overline{F}_N^F$	0	0
		$\overline{F}_S^F$	$\dfrac{6Mab}{l^3}$	$-\dfrac{6Mab}{l^3}$
		$\overline{M}^F$	$\dfrac{Mb\,(3a-l)}{l^2}$	$\dfrac{Ma\,(3b-l)}{l^2}$
4		$\overline{F}_N^F$	$\dfrac{EA\alpha\,(t_1+t_2)}{2}$	$\dfrac{EA\alpha\,(t_1+t_2)}{2}$
		$\overline{F}_S^F$	0	0
		$\overline{M}^F$	$\dfrac{EI\alpha\,(t_2-t_1)}{h}$	$-\dfrac{EI\alpha\,(t_2-t_1)}{h}$

3. 综合结点荷载作用

当结构同时作用有直接结点荷载和非结点荷载时，如图1.13（a）所示，也需先将非结点荷载处理成等效结点荷载，然后将直接结点荷载 $\boldsymbol{F}_D$ 与等效结点荷载 $\boldsymbol{F}_E$ 进行叠加得到综合结点荷载，如图1.13（c）所示。在综合结点荷载作用下，结点 i 的结点力列向量为

$$\boldsymbol{F}_i = \boldsymbol{F}_{Di} + \boldsymbol{F}_{Ei} \tag{1.32}$$

则整个结构的结点力列向量为

$$\boldsymbol{F} = \boldsymbol{F}_D + \boldsymbol{F}_E \tag{1.33}$$

写成分块形式为

$$\boldsymbol{F} = \begin{bmatrix} \boldsymbol{F}_1 \\ \boldsymbol{F}_2 \\ \boldsymbol{F}_3 \\ \boldsymbol{F}_4 \end{bmatrix} = \begin{bmatrix} \boldsymbol{F}_{D1} \\ \boldsymbol{F}_{D2} \\ \boldsymbol{F}_{D3} \\ \boldsymbol{F}_{D4} \end{bmatrix} + \begin{bmatrix} \boldsymbol{F}_{E1} \\ \boldsymbol{F}_{E2} \\ \boldsymbol{F}_{E3} \\ \boldsymbol{F}_{E4} \end{bmatrix}$$

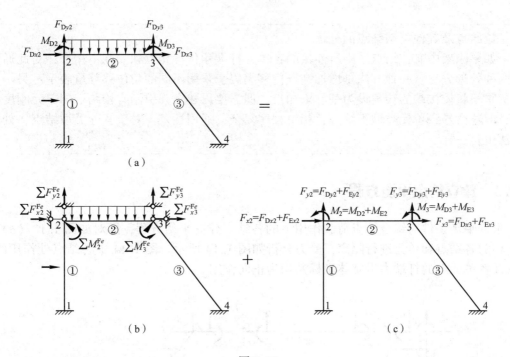

图 1.13

1.4.2　建立结点位移协调方程

在平面刚架中,每个刚结点有 2 个线位移和 1 个角位移。对于如图 1.13 (a) 所示刚架,共有 4 个刚结点及 12 个结点位移分量。由于在单元分析中已经满足了各单元本身的平衡条件和变形协调条件,因此现在只需考察各单元联结处的变形协调条件。根据结点处位移协调条件,结点位移应与单元的杆端位移相等,具体如下:

$$\boldsymbol{\Delta}_1 = \boldsymbol{\delta}_1^{①}, \text{即} \begin{bmatrix} u_1 \\ v_1 \\ \varphi_1 \end{bmatrix} = \begin{bmatrix} u_1 \\ v_1 \\ \varphi_1 \end{bmatrix}^{①}$$

$$\boldsymbol{\Delta}_2 = \boldsymbol{\delta}_2^{①} = \boldsymbol{\delta}_2^{②}, \text{即} \begin{bmatrix} u_2 \\ v_2 \\ \varphi_2 \end{bmatrix} = \begin{bmatrix} u_2 \\ v_2 \\ \varphi_2 \end{bmatrix}^{①} = \begin{bmatrix} u_2 \\ v_2 \\ \varphi_2 \end{bmatrix}^{②}$$

$$\boldsymbol{\Delta}_3 = \boldsymbol{\delta}_3^{②} = \boldsymbol{\delta}_3^{③}, \text{即} \begin{bmatrix} u_3 \\ v_3 \\ \varphi_3 \end{bmatrix} = \begin{bmatrix} u_3 \\ v_3 \\ \varphi_3 \end{bmatrix}^{②} = \begin{bmatrix} u_3 \\ v_3 \\ \varphi_3 \end{bmatrix}^{③}$$

(1.34)

$$\boldsymbol{\Delta}_4 = \boldsymbol{\delta}_4^{③}, \quad \text{即} \begin{bmatrix} u_4 \\ v_4 \\ \varphi_4 \end{bmatrix} = \begin{bmatrix} u_4 \\ v_4 \\ \varphi_4 \end{bmatrix}^{③}$$

> **铰结点及其他类型结点的处理**
>
> 如果刚架中有铰结点，则所连接的各单元杆端角位移相互独立并不相等，对此通常有两种处理方法：一种方法是增加结点位移编码，采用不同的角位移分量表示；另一种方法是不将铰接端的转角设为基本未知量，但需要再建立并引用有铰结端的单元刚度矩阵，但这会导致单元类型不统一，相对程序复杂，通用性差。对于其他类型结点，处理方法也是一样。

1.4.3 建立结点平衡方程

根据平衡条件对综合结点荷载作用下的各结点建立平衡方程，即对如图 1.13（c）所示结构的各结点和单元进行隔离，受力分析如图 1.14 所示。图 1.14 中各结点处作用的结点力及各单元上的杆端力沿整体坐标系均为正向作用。

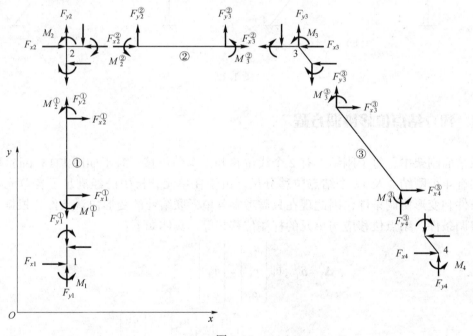

图 1.14

由平衡条件 $\sum F_x = 0$、$\sum F_y = 0$、$\sum M = 0$ 可得

$$\left.\begin{array}{l} F_{x1}=F_{x1}^{①} \\ F_{y1}=F_{y1}^{①} \\ M_1=M_1^{①} \end{array}\right\}, \left.\begin{array}{l} F_{x2}=F_{x2}^{①}+F_{x2}^{②} \\ F_{y2}=F_{y2}^{①}+F_{y2}^{②} \\ M_2=M_2^{①}+M_2^{②} \end{array}\right\}, \left.\begin{array}{l} F_{x3}=F_{x3}^{②}+F_{x3}^{③} \\ F_{y3}=F_{y3}^{②}+F_{y3}^{③} \\ M_3=M_3^{②}+M_3^{③} \end{array}\right\}, \left.\begin{array}{l} F_{x4}=F_{x4}^{③} \\ F_{y4}=F_{y4}^{③} \\ M_4=M_4^{③} \end{array}\right\} \quad (1.35)$$

写成向量形式

$$\begin{bmatrix} F_{x1} \\ F_{y1} \\ M_1 \end{bmatrix} = \begin{bmatrix} F_{x1} \\ F_{y1} \\ M_1 \end{bmatrix}^{①}, \quad \begin{bmatrix} F_{x2} \\ F_{y2} \\ M_2 \end{bmatrix} = \begin{bmatrix} F_{x2} \\ F_{y2} \\ M_2 \end{bmatrix}^{①} + \begin{bmatrix} F_{x2} \\ F_{y2} \\ M_2 \end{bmatrix}^{②}$$

$$\begin{bmatrix} F_{x3} \\ F_{y3} \\ M_3 \end{bmatrix} = \begin{bmatrix} F_{x3} \\ F_{y3} \\ M_3 \end{bmatrix}^{②} + \begin{bmatrix} F_{x3} \\ F_{y3} \\ M_3 \end{bmatrix}^{③} , \begin{bmatrix} F_{x4} \\ F_{y4} \\ M_4 \end{bmatrix} = \begin{bmatrix} F_{x4} \\ F_{y4} \\ M_4 \end{bmatrix}^{③} \qquad (1.36)$$

简写为

$$F_1 = F_1^{①} , F_2 = F_2^{①} + F_2^{②} , F_3 = F_3^{②} + F_3^{③} , F_4 = F_4^{③} \qquad (1.37)$$

由式（1.23）可知，上述各杆端力列向量可用杆端位移列向量来表示：

$$\left. \begin{aligned} F_1^{①} &= k_{11}^{①}\delta_1^{①} + k_{12}^{①}\delta_2^{①} \\ F_2^{①} &= k_{21}^{①}\delta_1^{①} + k_{22}^{①}\delta_2^{①} \\ F_2^{②} &= k_{22}^{②}\delta_2^{②} + k_{23}^{②}\delta_3^{②} \\ F_3^{②} &= k_{32}^{②}\delta_2^{②} + k_{33}^{②}\delta_3^{②} \\ F_3^{③} &= k_{33}^{③}\delta_3^{③} + k_{34}^{③}\delta_4^{③} \\ F_4^{③} &= k_{43}^{③}\delta_3^{③} + k_{44}^{③}\delta_4^{③} \end{aligned} \right\} \qquad (1.38)$$

由于在单元分析中已经满足了各单元本身的平衡条件和变形协调条件，因此现在只需将式（1.34）、式（1.38）代入式（1.37）得

$$\left. \begin{aligned} F_1 &= k_{11}^{①}\Delta_1 + k_{12}^{①}\Delta_2 \\ F_2 &= k_{21}^{①}\Delta_1 + (k_{22}^{①} + k_{22}^{②})\Delta_2 + k_{23}^{②}\Delta_3 \\ F_3 &= k_{32}^{②}\Delta_2 + (k_{33}^{②} + k_{33}^{③})\Delta_3 + k_{34}^{③}\Delta_4 \\ F_4 &= k_{43}^{③}\Delta_3 + k_{44}^{③}\Delta_4 \end{aligned} \right\} \qquad (1.39)$$

写成矩阵形式为

$$\begin{bmatrix} F_1 \\ F_2 \\ F_3 \\ F_4 \end{bmatrix} = \begin{bmatrix} k_{11}^{①} & k_{12}^{①} & 0 & 0 \\ k_{21}^{①} & k_{22}^{①}+k_{22}^{②} & k_{23}^{②} & 0 \\ 0 & k_{32}^{②} & k_{33}^{②}+k_{33}^{③} & k_{34}^{③} \\ 0 & 0 & k_{43}^{③} & k_{44}^{③} \end{bmatrix} \begin{bmatrix} \Delta_1 \\ \Delta_2 \\ \Delta_3 \\ \Delta_4 \end{bmatrix} \qquad (1.40)$$

这就是用结点位移表达的所有结点的平衡方程，它表明了结点力向量与结点位移向量之间的关系，通常称为结构的原始刚度方程。所谓"原始"，是指尚未引入边界条件的刚度矩阵。式（1.40）可简写为

$$F = K\Delta \qquad (1.41)$$

式中，K 为结构原始刚度矩阵，也称总刚度矩阵，简称总刚。

1.4.4 组集原始刚度矩阵

将原始刚度矩阵写成以下分块形式：

$$K = \begin{bmatrix} K_{11} & K_{12} & K_{13} & K_{14} \\ K_{21} & K_{22} & K_{23} & K_{24} \\ K_{31} & K_{32} & K_{33} & K_{34} \\ K_{41} & K_{42} & K_{43} & K_{44} \end{bmatrix} = \begin{bmatrix} k_{11}^{①} & k_{12}^{①} & 0 & 0 \\ k_{21}^{①} & k_{22}^{①}+k_{22}^{②} & k_{23}^{②} & 0 \\ 0 & k_{32}^{②} & k_{33}^{②}+k_{33}^{③} & k_{34}^{③} \\ 0 & 0 & k_{43}^{③} & k_{44}^{③} \end{bmatrix} \qquad (1.42)$$

它具有以下性质：

（1）方阵：每个子块 $\boldsymbol{K}_{ij}$ 都是 3×3 阶方阵（平面桁架单元为 2×2 阶方阵），当结点数为 n 时，$\boldsymbol{K}$ 为 $3n×3n$ 阶方阵。其中主子块 $\boldsymbol{K}_{ii}$ 是位于第 i 行第 i 列的子块，由结点 i 的各相关单元主子块叠加而得，即 $\boldsymbol{K}_{ii} = \sum \boldsymbol{k}_{ii}^e$；副子块 $\boldsymbol{K}_{ij}$ 是位于第 i 行第 j 列的子块，为相关结点联结单元的副子块，即 $\boldsymbol{K}_{ij} = \boldsymbol{k}_{ij}^e$，当 i、j 为非相关结点时，即为零子块。各子块的物理意义与单元刚度矩阵中相应子块的物理意义是相同的，因此，只需将整体坐标系中各单元刚度矩阵中 4 个子块按照其下标号码逐一送入结构原始刚度矩阵中相应的行和列位置即可形成结构原始刚度矩阵。也就是说，各单刚子块"对号入座"即可直接形成总刚，这种形成总刚的方法称为直接刚度法。下面以如图 1.15 所示刚架为例来说明总刚的组集方法。

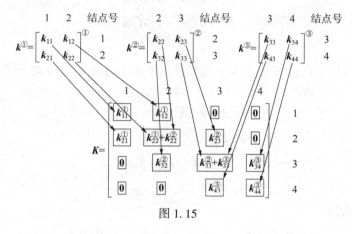

图 1.15

（2）对称性：由反力互等定理不难理解。

（3）奇异性：这是由于在建立结构刚度方程时还没有考虑边界条件，结构还存在刚体位移，因此当结点力已知求解结点位移时，结点位移的解答不唯一。只有引入边界条件限制结构的刚体位移，结点位移的解答才是确定的。

实际上，每个单刚子块"对号入座"必须落实到每个元素的对号入座，每个元素的两个下标号码由单元两端的结点整体位移编码确定。单刚中的每个元素便可按其两个下标号码送到总刚中相应的行列位置上去。对于平面一般弯曲式自由单元，共有 6 个杆端结点位移分量编码，这 6 个编码即为单元定位向量。若刚架的所有结点都是刚结点，每个结点的位移分量均为 3，此时通常将结点 i 的 3 个位移分量 u_i、v_i、φ_i 依次编号为 $3i-2$，$3i-1$，$3i$。这样结点编码与结点位移编码便有了简单对应关系，使得程序编制十分方便。

1.4.5 引入边界条件，求出未知结点位移

式（1.40）中的 $\boldsymbol{F}_2$、$\boldsymbol{F}_3$ 为已知结点荷载，与之对应的 $\boldsymbol{\Delta}_2$、$\boldsymbol{\Delta}_3$ 为未知待求的结点位移；$\boldsymbol{F}_1$、$\boldsymbol{F}_4$ 为未知支座反力，与之对应的 $\boldsymbol{\Delta}_1$、$\boldsymbol{\Delta}_4$ 为已知结点位移。在未引入边界条件前，结构还有任意的刚体位移，原始刚度矩阵是奇异的，因此无法求解结点位移。由于结点 1、4 均为固定端，故边界条件为

$$\begin{bmatrix} \boldsymbol{\Delta}_1 \\ \boldsymbol{\Delta}_4 \end{bmatrix} = \begin{bmatrix} \boldsymbol{0} \\ \boldsymbol{0} \end{bmatrix} \tag{1.43}$$

对于边界条件的引入，通常有以下几种处理方法。

一种是修改原始刚度方程的方法，即删去与已知零位移对应的行和列，即

$$\begin{bmatrix} \boldsymbol{F}_2 \\ \boldsymbol{F}_3 \end{bmatrix} = \begin{bmatrix} \boldsymbol{k}_{22}^{①}+\boldsymbol{k}_{22}^{②} & \boldsymbol{k}_{23}^{②} \\ \boldsymbol{k}_{32}^{②} & \boldsymbol{k}_{33}^{②}+\boldsymbol{k}_{33}^{③} \end{bmatrix} \begin{bmatrix} \boldsymbol{\Delta}_2 \\ \boldsymbol{\Delta}_3 \end{bmatrix} \tag{1.44}$$

这样矩阵的阶数虽然降低，对于概念的理解和手算较为方便，但总刚原来的行和列编号亦会改变，这对电算是非常不方便的。因此，在实际应用中通常采用置大数法、乘大数法或划零置一法来引入边界条件。下面主要介绍一下置大数法。

将结构原始刚度矩阵按元素形式表示为

$$\begin{bmatrix} \boldsymbol{F}_1 \\ \boldsymbol{F}_2 \\ \vdots \\ \boldsymbol{F}_i \\ \vdots \\ \boldsymbol{F}_n \end{bmatrix} = \begin{bmatrix} k_{11} & k_{12} & \cdots & k_{1i} & \cdots & k_{1n} \\ k_{21} & k_{22} & \cdots & k_{2i} & \cdots & k_{2n} \\ \vdots & \vdots & & \vdots & & \vdots \\ k_{i1} & k_{i2} & \cdots & k_{ii} & \cdots & k_{in} \\ \vdots & \vdots & & \vdots & & \vdots \\ k_{n1} & k_{n2} & \cdots & k_{ni} & \cdots & k_{nn} \end{bmatrix} \begin{bmatrix} \delta_1 \\ \delta_2 \\ \vdots \\ \delta_i \\ \vdots \\ \delta_n \end{bmatrix} \tag{1.45}$$

设某一结点位移分量 δ_i 已知为 C_i（包括 0），则将总刚中的主元素 k_{ii} 置换为一个充分大的数 N（以不使计算机产生溢出为原则），同时将外力列向量中的对应分量 F_i 换为 NC_i。则式（1.45）中的第 i 个方程变成为

$$NC_i = k_{i1}\delta_1 + k_{i2}\delta_2 + \cdots + N\delta_i + \cdots + k_{in}\delta_n$$

这样与包含 N 的两项相比，式中其余各项都充分小，故上式可足够精确地保证 $\delta_i = C_i$。

1.4.6 求解单元杆端力

结点位移一旦求出，不仅可以求出未知的支座反力，还可由单元刚度方程式（1.22）计算综合结点荷载作用下各单元杆端力。由式（1.30）可知单元的杆端位移等于结点位移，则综合结点荷载作用下各单元的杆端力为

$$\boldsymbol{F}^{\Delta e} = \begin{bmatrix} \boldsymbol{F}_i^{\Delta} \\ \boldsymbol{F}_j^{\Delta} \end{bmatrix}^e = \begin{bmatrix} \boldsymbol{k}_{ii} & \boldsymbol{k}_{ij} \\ \boldsymbol{k}_{ji} & \boldsymbol{k}_{jj} \end{bmatrix}^e \begin{bmatrix} \boldsymbol{\Delta}_i \\ \boldsymbol{\Delta}_j \end{bmatrix} \tag{1.46}$$

式中，$\boldsymbol{F}^{\Delta e}$ 为综合结点荷载作用下由于杆端位移引起的杆端力，而单元最终的杆端力应为固端力与杆端位移引起的杆端力之和，即

$$\boldsymbol{F}^e = \boldsymbol{F}^{Fe} + \boldsymbol{F}^{\Delta e} \tag{1.47}$$

由于结构内力宜在局部坐标系中表达，故将式（1.47）代入式（1.12）即可求出局部坐标系下单元最终的杆端力，也可表示为

$$\bar{\boldsymbol{F}}^e = \bar{\boldsymbol{F}}^{Fe} + \boldsymbol{T}\boldsymbol{F}^{\Delta e} \tag{1.48}$$

对于结构在温度变化、支座位移等因素作用下的求解，同样可以按上述方法处理。

对于桁架结构，由于只承受结点荷载作用，单元最终的杆端力只含有结点位移引起的

杆端力，即

$$\bar{F}^e = TF^e = T\begin{bmatrix} F_i \\ F_j \end{bmatrix}^e = T\begin{bmatrix} k_{ii} & k_{ij} \\ k_{ji} & k_{jj} \end{bmatrix}^e \begin{bmatrix} \Delta_i \\ \Delta_j \end{bmatrix} \tag{1.49}$$

1.5　计算实例

下面举例说明用矩阵位移法计算结构的具体步骤。

【例1.1】求如图1.16（a）所示刚架的内力，已知各杆材料和截面、杆长均相同，$E = 200$ GPa，$I = 32 \times 10^{-5}$ m^4，$A = 1 \times 10^{-2}$ m^2。

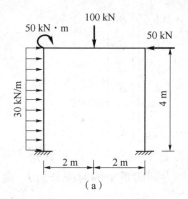
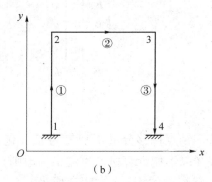

图1.16

解：（1）对结点、单元进行编号，建立整体坐标系和局部坐标系，如图1.16（b）所示。

（2）求各单元在整体坐标系下的单元刚度矩阵。

① 求出各单元在局部坐标系下的单元刚度矩阵。

由于各单元材料、截面及杆长均相同，由式（1.7）可知各单元局部坐标系下单元刚度矩阵完全相同，现将有关数据计算如下：

$$\frac{EA}{l} = \frac{200 \times 10^6 \times 1 \times 10^{-2}}{4} = 500 \times 10^3 \, (\text{kN/m})$$

$$\frac{12EI}{l^3} = \frac{12 \times 200 \times 10^6 \times 32 \times 10^{-5}}{4^3} = 12 \times 10^3 \, (\text{kN/m})$$

$$\frac{6EI}{l^2} = 24 \times 10^3 \, \text{kN}$$

$$\frac{4EI}{l} = 64 \times 10^3 \, \text{kN} \cdot \text{m}$$

$$\frac{2EI}{l} = 32 \times 10^3 \, \text{kN} \cdot \text{m}$$

则各单元在局部坐标系下的刚度矩阵为

$$\bar{k}^{①}=\bar{k}^{②}=\bar{k}^{③}=10^3\begin{bmatrix} 500\ \text{kN/m} & 0 & 0 & -500\ \text{kN/m} & 0 & 0 \\ 0 & 12\ \text{kN/m} & 24\ \text{kN} & 0 & -12\ \text{kN/m} & 24\ \text{kN} \\ 0 & 24\ \text{kN} & 64\ \text{kN}\cdot\text{m} & 0 & -24\ \text{kN} & 32\ \text{kN}\cdot\text{m} \\ -500\ \text{kN/m} & 0 & 0 & 500\ \text{kN/m} & 0 & 0 \\ 0 & -12\ \text{kN/m} & -24\ \text{kN} & 0 & 12\ \text{kN/m} & -24\ \text{kN} \\ 0 & 24\ \text{kN} & 32\ \text{kN}\cdot\text{m} & 0 & -24\ \text{kN} & 64\ \text{kN}\cdot\text{m} \end{bmatrix}$$

② 进行坐标转换求出各单元在整体坐标系下的单元刚度矩阵。

对于单元①，$\alpha=90°$，$\cos\alpha=0$，$\sin\alpha=1$，由式（1.13）可计算单元①的坐标转换矩阵为

$$T=\begin{bmatrix} 0 & 1 & 0 & & & \\ -1 & 0 & 0 & & \mathbf{0} & \\ 0 & 0 & 1 & & & \\ & & & 0 & 1 & 0 \\ & \mathbf{0} & & -1 & 0 & 0 \\ & & & 0 & 0 & 1 \end{bmatrix}$$

由式（1.21）则可计算出单元①在整体坐标系下的单元刚度矩阵为

$$k^{①}=\begin{bmatrix} k_{11} & k_{12} \\ k_{21} & k_{22} \end{bmatrix}^{①}$$

$$=T^{\text{T}}\bar{k}^{①}T=10^3\begin{bmatrix} 12\ \text{kN/m} & 0 & -24\ \text{kN} & -12\ \text{kN/m} & 0 & -24\ \text{kN} \\ 0 & 500\ \text{kN/m} & 0 & 0 & -500\ \text{kN/m} & 0 \\ -24\ \text{kN} & 0 & 64\ \text{kN}\cdot\text{m} & 24\ \text{kN} & 0 & 32\ \text{kN}\cdot\text{m} \\ -12\ \text{kN/m} & 0 & 24\ \text{kN} & 12\ \text{kN/m} & 0 & 24\ \text{kN} \\ 0 & -500\ \text{kN/m} & 0 & 0 & 500\ \text{kN/m} & 0 \\ -24\ \text{kN} & 0 & 32\ \text{kN}\cdot\text{m} & 24\ \text{kN} & 0 & 64\ \text{kN}\cdot\text{m} \end{bmatrix}$$

对于单元②，$\alpha=0°$，$\cos\alpha=1$，$\sin\alpha=0$，由式（1.13）可知单元②的坐标转换矩阵为单位矩阵，即 $T=I$，则整体坐标系与局部坐标系的单元刚度矩阵相同。

$$k^{②}=\begin{bmatrix} k_{22} & k_{23} \\ k_{32} & k_{33} \end{bmatrix}^{②}=10^3\begin{bmatrix} 500\ \text{kN/m} & 0 & 0 & -500\ \text{kN/m} & 0 & 0 \\ 0 & 12\ \text{kN/m} & 24\ \text{kN} & 0 & -12\ \text{kN/m} & 24\ \text{kN} \\ 0 & 24\ \text{kN} & 64\ \text{kN}\cdot\text{m} & 0 & -24\ \text{kN} & 32\ \text{kN}\cdot\text{m} \\ -500\ \text{kN/m} & 0 & 0 & 500\ \text{kN/m} & 0 & 0 \\ 0 & -12\ \text{kN/m} & -24\ \text{kN} & 0 & 12\ \text{kN/m} & -24\ \text{kN} \\ 0 & 24\ \text{kN} & 32\ \text{kN}\cdot\text{m} & 0 & -24\ \text{kN} & 64\ \text{kN}\cdot\text{m} \end{bmatrix}$$

对于单元③，$\alpha=270°$，$\cos\alpha=0$，$\sin\alpha=-1$，由式（1.13）可计算单元③的坐标转换矩阵为

$$T=\begin{bmatrix} 0 & -1 & 0 & & & \\ 1 & 0 & 0 & & \mathbf{0} & \\ 0 & 0 & 1 & & & \\ & & & 0 & -1 & 0 \\ & \mathbf{0} & & 1 & 0 & 0 \\ & & & 0 & 0 & 1 \end{bmatrix}$$

由式（1.21）则可计算出单元③在整体坐标系下的单元刚度矩阵为

$$\boldsymbol{k}^③ = \begin{bmatrix} \boldsymbol{k}_{33} & \boldsymbol{k}_{34} \\ \boldsymbol{k}_{43} & \boldsymbol{k}_{44} \end{bmatrix}^③ = \boldsymbol{T}^{\mathrm{T}}\, \bar{\boldsymbol{k}}^③\, \boldsymbol{T}$$

$$= 10^3 \begin{bmatrix} 12\ \mathrm{kN/m} & 0 & 24\ \mathrm{kN} & -12\ \mathrm{kN/m} & 0 & 24\ \mathrm{kN} \\ 0 & 500\ \mathrm{kN/m} & 0 & 0 & -500\ \mathrm{kN/m} & 0 \\ 24\ \mathrm{kN} & 0 & 64\ \mathrm{kN \cdot m} & -24\ \mathrm{kN} & 0 & 32\ \mathrm{kN \cdot m} \\ -12\ \mathrm{kN/m} & 0 & -24\ \mathrm{kN} & 12\ \mathrm{kN/m} & 0 & -24\ \mathrm{kN} \\ 0 & -500\ \mathrm{kN/m} & 0 & 0 & 500\ \mathrm{kN/m} & 0 \\ 24\ \mathrm{kN} & 0 & 32\ \mathrm{kN \cdot m} & -24\ \mathrm{kN} & 0 & 64\ \mathrm{kN \cdot m} \end{bmatrix}$$

（3）组集结构原始刚度矩阵。

按直接刚度法将各单刚子块"对号入座"形成总刚 $\boldsymbol{K}$，建立结构原始刚度方程。

$$\boldsymbol{K} = \begin{bmatrix} \boldsymbol{k}_{11}^① & \boldsymbol{k}_{12}^① & \boldsymbol{0} & \boldsymbol{0} \\ \boldsymbol{k}_{21}^① & \boldsymbol{k}_{22}^①+\boldsymbol{k}_{22}^② & \boldsymbol{k}_{23}^② & \boldsymbol{0} \\ \boldsymbol{0} & \boldsymbol{k}_{32}^② & \boldsymbol{k}_{33}^②+\boldsymbol{k}_{33}^③ & \boldsymbol{k}_{34}^③ \\ \boldsymbol{0} & \boldsymbol{0} & \boldsymbol{k}_{43}^③ & \boldsymbol{k}_{44}^③ \end{bmatrix}$$

$$= 10^3 \begin{bmatrix} 12\ \mathrm{kN/m} & 0 & -24\ \mathrm{kN} & -12\ \mathrm{kN/m} & 0 & -24\ \mathrm{kN} & & & & & & \\ 0 & 500\ \mathrm{kN/m} & 0 & 0 & -500\ \mathrm{kN/m} & 0 & & \boldsymbol{0} & & & \boldsymbol{0} & \\ -24\ \mathrm{kN} & 0 & 64\ \mathrm{kN \cdot m} & 24\ \mathrm{kN} & 0 & 32\ \mathrm{kN \cdot m} & & & & & & \\ -12\ \mathrm{kN/m} & 0 & 24\ \mathrm{kN} & 512\ \mathrm{kN/m} & 0 & 24\ \mathrm{kN} & -500\ \mathrm{kN/m} & 0 & 0 & & & \\ 0 & -500\ \mathrm{kN/m} & 0 & 0 & 512\ \mathrm{kN/m} & 24\ \mathrm{kN} & 0 & -12\ \mathrm{kN/m} & 24\ \mathrm{kN} & & \boldsymbol{0} & \\ -24\ \mathrm{kN} & 0 & 32\ \mathrm{kN \cdot m} & 24\ \mathrm{kN} & 24\ \mathrm{kN} & 128\ \mathrm{kN \cdot m} & 0 & -24\ \mathrm{kN} & 32\ \mathrm{kN \cdot m} & & & \\ & & & -500\ \mathrm{kN/m} & 0 & 0 & 512\ \mathrm{kN/m} & 0 & 24\ \mathrm{kN} & -12\ \mathrm{kN/m} & 0 & 24\ \mathrm{kN} \\ & \boldsymbol{0} & & 0 & -12\ \mathrm{kN/m} & -24\ \mathrm{kN} & 0 & 512\ \mathrm{kN/m} & -24\ \mathrm{kN} & 0 & -500\ \mathrm{kN/m} & 0 \\ & & & 0 & 24\ \mathrm{kN} & 32\ \mathrm{kN \cdot m} & 24\ \mathrm{kN} & -24\ \mathrm{kN} & 128\ \mathrm{kN \cdot m} & -24\ \mathrm{kN} & 0 & 32\ \mathrm{kN \cdot m} \\ & & & & & & -12\ \mathrm{kN/m} & 0 & -24\ \mathrm{kN} & -12\ \mathrm{kN/m} & 0 & -24\ \mathrm{kN} \\ & \boldsymbol{0} & & & \boldsymbol{0} & & 0 & -500\ \mathrm{kN/m} & 0 & 0 & 500\ \mathrm{kN/m} & 0 \\ & & & & & & 24\ \mathrm{kN} & 0 & 32\ \mathrm{kN \cdot m} & -24\ \mathrm{kN} & 0 & 64\ \mathrm{kN \cdot m} \end{bmatrix}$$

（4）形成结点力列向量。

① 计算各单元在局部坐标系下的固端力列向量。

$$\bar{\boldsymbol{F}}^{\mathrm{F}①} = \begin{bmatrix} \bar{\boldsymbol{F}}_1^{\mathrm{F}} \\ \bar{\boldsymbol{F}}_2^{\mathrm{F}} \end{bmatrix}^① = \begin{bmatrix} \bar{F}_{\mathrm{N1}}^{\mathrm{F}} \\ \bar{F}_{\mathrm{S1}}^{\mathrm{F}} \\ \bar{M}_1^{\mathrm{F}} \\ \bar{F}_{\mathrm{N2}}^{\mathrm{F}} \\ \bar{F}_{\mathrm{S2}}^{\mathrm{F}} \\ \bar{M}_2^{\mathrm{F}} \end{bmatrix} = \begin{bmatrix} 0 \\ 60\ \mathrm{kN} \\ 40\ \mathrm{kN \cdot m} \\ 0 \\ 60\ \mathrm{kN} \\ -40\ \mathrm{kN \cdot m} \end{bmatrix}$$

$$\overline{\boldsymbol{F}}^{F\text{②}} = \left[\begin{array}{c} \overline{\boldsymbol{F}}^F_2 \\ \overline{\boldsymbol{F}}^F_3 \end{array}\right]^{\text{②}} = \left[\begin{array}{c} \overline{F}^F_{N2} \\ \overline{F}^F_{S2} \\ \overline{M}^F_2 \\ \overline{F}^F_{N3} \\ \overline{F}^F_{S3} \\ \overline{M}^F_3 \end{array}\right]^{\text{②}} = \left[\begin{array}{c} 0 \\ 50\ \text{kN} \\ 50\ \text{kN}\cdot\text{m} \\ 0 \\ 50\ \text{kN} \\ -50\ \text{kN}\cdot\text{m} \end{array}\right]$$

$$\overline{\boldsymbol{F}}^{F\text{③}} = \left[\begin{array}{c} \overline{\boldsymbol{F}}^F_3 \\ \overline{\boldsymbol{F}}^F_4 \end{array}\right]^{\text{③}} = \left[\begin{array}{c} \boldsymbol{0} \\ \boldsymbol{0} \end{array}\right]$$

② 由式（1.29）求出各单元在整体坐标系下的固端力列向量。

$$\boldsymbol{F}^{F\text{①}} = \left[\begin{array}{c} \boldsymbol{F}^F_1 \\ \boldsymbol{F}^F_2 \end{array}\right]^{\text{①}} = \boldsymbol{T}^{\text{T}}\,\overline{\boldsymbol{F}}^{F\text{①}} = \left[\begin{array}{cccccc} 0 & -1 & 0 & & & \\ 1 & 0 & 0 & & \boldsymbol{0} & \\ 0 & 0 & 1 & & & \\ & & & 0 & -1 & 0 \\ & \boldsymbol{0} & & 1 & 0 & 0 \\ & & & 0 & 0 & 1 \end{array}\right] \left[\begin{array}{c} 0 \\ 60\ \text{kN} \\ 40\ \text{kN}\cdot\text{m} \\ 0 \\ 60\ \text{kN} \\ -40\ \text{kN}\cdot\text{m} \end{array}\right] = \left[\begin{array}{c} -60\ \text{kN} \\ 0 \\ 40\ \text{kN}\cdot\text{m} \\ -60\ \text{kN} \\ 0 \\ -40\ \text{kN}\cdot\text{m} \end{array}\right]$$

$$\boldsymbol{F}^{F\text{②}} = \left[\begin{array}{c} \boldsymbol{F}^F_2 \\ \boldsymbol{F}^F_3 \end{array}\right]^{\text{②}} = \boldsymbol{T}^{\text{T}}\,\overline{\boldsymbol{F}}^{F\text{②}} = \left[\begin{array}{cccccc} 1 & 0 & 0 & & & \\ 0 & 1 & 0 & & \boldsymbol{0} & \\ 0 & 0 & 1 & & & \\ & & & 1 & 0 & 0 \\ & \boldsymbol{0} & & 0 & 1 & 0 \\ & & & 0 & 0 & 1 \end{array}\right] \left[\begin{array}{c} 0 \\ 50\ \text{kN} \\ 50\ \text{kN}\cdot\text{m} \\ 0 \\ 50\ \text{kN} \\ -50\ \text{kN}\cdot\text{m} \end{array}\right] = \left[\begin{array}{c} 0 \\ 50\ \text{kN} \\ 50\ \text{kN}\cdot\text{m} \\ 0 \\ 50\ \text{kN} \\ -50\ \text{kN}\cdot\text{m} \end{array}\right]$$

$$\boldsymbol{F}^{F\text{③}} = \left[\begin{array}{c} \boldsymbol{F}^F_3 \\ \boldsymbol{F}^F_4 \end{array}\right]^{\text{③}} = \left[\begin{array}{c} \boldsymbol{0} \\ \boldsymbol{0} \end{array}\right]$$

③ 由式（1.30）求出结点 2、3 的等效结点荷载列向量分别为

$$\boldsymbol{F}_{E2} = -(\boldsymbol{F}^{F\text{①}}_2 + \boldsymbol{F}^{F\text{②}}_2) = -\left[\begin{array}{c} -60\ \text{kN} \\ 0 \\ -40\ \text{kN}\cdot\text{m} \end{array}\right] - \left[\begin{array}{c} 0 \\ 50\ \text{kN} \\ 50\ \text{kN}\cdot\text{m} \end{array}\right] = \left[\begin{array}{c} 60\ \text{kN} \\ -50\ \text{kN} \\ -10\ \text{kN}\cdot\text{m} \end{array}\right]$$

$$\boldsymbol{F}_{E3} = -(\boldsymbol{F}^{F\text{②}}_3 + \boldsymbol{F}^{F\text{③}}_3) = -\left[\begin{array}{c} 0 \\ 50\ \text{kN} \\ -50\ \text{kN}\cdot\text{m} \end{array}\right] - \left[\begin{array}{c} 0 \\ 0 \\ 0 \end{array}\right] = \left[\begin{array}{c} 0 \\ -50\ \text{kN} \\ 50\ \text{kN}\cdot\text{m} \end{array}\right]$$

然后由式（1.32）求出 2、3 结点的综合结点荷载列向量分别为

$$\boldsymbol{F}_2 = \boldsymbol{F}_{D2} + \boldsymbol{F}_{E2} = \left[\begin{array}{c} 0 \\ 0 \\ -50\ \text{kN}\cdot\text{m} \end{array}\right] + \left[\begin{array}{c} 60\ \text{kN} \\ -50\ \text{kN} \\ -10\ \text{kN}\cdot\text{m} \end{array}\right] = \left[\begin{array}{c} 60\ \text{kN} \\ -50\ \text{kN} \\ -60\ \text{kN}\cdot\text{m} \end{array}\right]$$

$$F_3 = F_{D3} + F_{E3} = \begin{bmatrix} -50 \text{ kN} \\ 0 \\ 0 \end{bmatrix} + \begin{bmatrix} 0 \\ -50 \text{ kN} \\ 50 \text{ kN} \cdot \text{m} \end{bmatrix} = \begin{bmatrix} -50 \text{ kN} \\ -50 \text{ kN} \\ 50 \text{ kN} \cdot \text{m} \end{bmatrix}$$

最后形成结构的结点力列向量为

$$\begin{bmatrix} F_1 \\ F_2 \\ F_3 \\ F_4 \end{bmatrix} = \begin{bmatrix} F_{x1} \\ F_{y1} \\ M_1 \\ 60 \text{ kN} \\ -50 \text{ kN} \\ -60 \text{ kN} \cdot \text{m} \\ -50 \text{ kN} \\ -50 \text{ kN} \\ 50 \text{ kN} \cdot \text{m} \\ F_{x4} \\ F_{y4} \\ M_4 \end{bmatrix}$$

（5）引入边界条件，形成结构刚度方程。

由于1、4结点为固定端，故位移分量均为零；2、3结点位移未知，即

$$\Delta_1 = \begin{bmatrix} u_1 \\ v_1 \\ \varphi_1 \end{bmatrix} = \begin{bmatrix} 0 \\ 0 \\ 0 \end{bmatrix}, \Delta_2 = \begin{bmatrix} u_2 \\ v_2 \\ \varphi_2 \end{bmatrix}, \Delta_3 = \begin{bmatrix} u_3 \\ v_3 \\ \varphi_3 \end{bmatrix}, \Delta_4 = \begin{bmatrix} u_4 \\ v_4 \\ \varphi_4 \end{bmatrix} = \begin{bmatrix} 0 \\ 0 \\ 0 \end{bmatrix}$$

按式（1.40）建立结构原始刚度方程

$$\begin{bmatrix} F_{x1} \\ F_{y1} \\ M_1 \\ 60 \text{ kN} \\ -50 \text{ kN} \\ -60 \text{ kN} \cdot \text{m} \\ -50 \text{ kN} \\ -50 \text{ kN} \\ 50 \text{ kN} \cdot \text{m} \\ F_{x4} \\ F_{y4} \\ M_4 \end{bmatrix} = 10^3 \begin{bmatrix} 12 & 0 & -24 & -12 & 0 & -24 & & & & & & \\ 0 & 500 & 0 & 0 & -500 & 0 & & \mathbf{0} & & & \mathbf{0} & \\ -24 & 0 & 64 & 24 & 0 & 32 & & & & & & \\ -12 & 0 & 24 & 512 & 0 & 24 & -500 & 0 & 0 & & & \\ 0 & -500 & 0 & 0 & 512 & 24 & 0 & -12 & 24 & & \mathbf{0} & \\ -24 & 0 & 32 & 24 & 24 & 128 & 0 & -24 & 32 & & & \\ & & & -500 & 0 & 0 & 512 & 0 & 24 & -12 & 0 & 24 \\ & \mathbf{0} & & 0 & -12 & -24 & 0 & 512 & -24 & 0 & -500 & 0 \\ & & & 0 & 24 & 32 & 24 & -24 & 128 & -24 & 0 & 32 \\ & & & & & & -12 & 0 & -24 & -12 & 0 & -24 \\ & \mathbf{0} & & & \mathbf{0} & & 0 & -500 & 0 & 0 & 500 & 0 \\ & & & & & & 24 & 0 & 32 & -24 & 0 & 64 \end{bmatrix} \begin{bmatrix} 0 \\ 0 \\ 0 \\ u_2 \\ v_2 \\ \varphi_2 \\ u_3 \\ v_3 \\ \varphi_3 \\ 0 \\ 0 \\ 0 \end{bmatrix}$$

删去原始刚度矩阵中与位移为零对应的行和列，即可形成结构刚度方程如下：

$$\begin{bmatrix} 60 \text{ kN} \\ -50 \text{ kN} \\ -60 \text{ kN} \cdot \text{m} \\ -50 \text{ kN} \\ -50 \text{ kN} \\ 50 \text{ kN} \cdot \text{m} \end{bmatrix} = 10^3 \begin{bmatrix} 512 & 0 & 24 & -500 & 0 & 0 \\ 0 & 512 & 24 & 0 & -12 & 24 \\ 24 & 24 & 128 & 0 & -24 & 32 \\ -500 & 0 & 0 & 512 & 0 & 24 \\ 0 & -12 & -24 & 0 & 512 & -24 \\ 0 & 24 & 32 & 24 & -24 & 128 \end{bmatrix} \begin{bmatrix} u_2 \\ v_2 \\ \varphi_2 \\ u_3 \\ v_3 \\ \varphi_3 \end{bmatrix}$$

（6）解方程，求出未知结点位移。

$$\begin{bmatrix} u_2 \\ v_2 \\ \varphi_2 \\ u_3 \\ v_3 \\ \varphi_3 \end{bmatrix} = 10^{-6} \begin{bmatrix} 763.81 \text{ m} \\ -87.23 \text{ m} \\ -729.40 \text{ rad} \\ 627.13 \text{ m} \\ -112.77 \text{ m} \\ 450.60 \text{ rad} \end{bmatrix}$$

（7）计算各单元杆端力。

按式（1.46）和式（1.48）计算各单元的杆端力分别为

$$\bar{F}^{①} = \bar{F}^{F①} + TF^{\Delta①}$$

$$= \begin{bmatrix} \bar{F}_1^F \\ \bar{F}_2^F \end{bmatrix}^{①} + \begin{bmatrix} \bar{\lambda} & 0 \\ 0 & \bar{\lambda} \end{bmatrix} \begin{bmatrix} k_{11} & k_{12} \\ k_{21} & k_{22} \end{bmatrix}^{①} \begin{bmatrix} \Delta_1 \\ \Delta_2 \end{bmatrix}$$

$$\begin{bmatrix} \bar{F}_{N1} \\ \bar{F}_{S1} \\ \bar{M}_1 \\ \bar{F}_{N2} \\ \bar{F}_{S2} \\ \bar{M}_2 \end{bmatrix}^{①} = \begin{bmatrix} 0 \\ 60 \text{ kN} \\ 40 \text{ kN} \cdot \text{m} \\ 0 \\ 60 \text{ kN} \\ -40 \text{ kN} \cdot \text{m} \end{bmatrix} +$$

$$\begin{bmatrix} 0 & 1 & 0 & & & \\ -1 & 0 & 0 & & \mathbf{0} & \\ 0 & 0 & 1 & & & \\ & & & 0 & 1 & 0 \\ & \mathbf{0} & & -1 & 0 & 0 \\ & & & 0 & 0 & 1 \end{bmatrix} 10^3 \begin{bmatrix} 12 \text{ kN/m} & 0 & -24 \text{ kN} & -12 \text{ kN/m} & 0 & -24 \text{ kN} \\ 0 & 500 \text{ kN/m} & 0 & 0 & -500 \text{ kN/m} & 0 \\ -24 \text{ kN} & 0 & 64 \text{ kN} \cdot \text{m} & 24 \text{ kN} & 0 & 32 \text{ kN} \cdot \text{m} \\ -12 \text{ kN/m} & 0 & 24 \text{ kN} & 12 \text{ kN/m} & 0 & 24 \text{ kN} \\ 0 & -500 \text{ kN/m} & 0 & 0 & 500 \text{ kN/m} & 0 \\ -24 \text{ kN} & 0 & 32 \text{ kN} \cdot \text{m} & 24 \text{ kN} & 0 & 64 \text{ kN} \cdot \text{m} \end{bmatrix} 10^{-6} \begin{bmatrix} 0 \\ 0 \\ 0 \\ 763.81 \text{ m} \\ -87.23 \text{ m} \\ -729.40 \text{ rad} \end{bmatrix}$$

$$= \begin{bmatrix} 43.62 \text{ kN} \\ 51.66 \text{ kN} \\ 34.99 \text{ kN} \cdot \text{m} \\ -43.62 \text{ kN} \\ 68.34 \text{ kN} \\ -68.35 \text{ kN} \cdot \text{m} \end{bmatrix}$$

$$\bar{F}^{②} = \bar{F}^{F②} + TF^{\Delta②}$$

$$= \begin{bmatrix} \bar{F}_2^F \\ \bar{F}_3^F \end{bmatrix}^{②} + \begin{bmatrix} \lambda & 0 \\ 0 & \lambda \end{bmatrix} \begin{bmatrix} k_{22} & k_{23} \\ k_{32} & k_{33} \end{bmatrix}^{②} \begin{bmatrix} \Delta_2 \\ \Delta_3 \end{bmatrix}$$

$$\begin{bmatrix} \bar{F}_{N2} \\ \bar{F}_{S2} \\ \bar{M}_2 \\ \bar{F}_{N3} \\ \bar{F}_{S3} \\ \bar{M}_3 \end{bmatrix}^{②} = \begin{bmatrix} 0 \\ 50 \text{ kN} \\ 50 \text{ kN} \cdot \text{m} \\ 0 \\ 50 \text{ kN} \\ -50 \text{ kN} \cdot \text{m} \end{bmatrix} +$$

$$\begin{bmatrix} 1 & 0 & 0 & & & \\ 0 & 1 & 0 & & \mathbf{0} & \\ 0 & 0 & 1 & & & \\ & & & 1 & 0 & 0 \\ & \mathbf{0} & & 0 & 1 & 0 \\ & & & 0 & 0 & 1 \end{bmatrix} 10^3 \begin{bmatrix} 500\text{ kN/m} & 0 & 0 & -500\text{ kN/m} & 0 & 0 \\ 0 & 12\text{ kN/m} & 24\text{ kN} & 0 & -12\text{ kN/m} & 24\text{ kN} \\ 0 & 24\text{ kN} & 64\text{ kN}\cdot\text{m} & 0 & -24\text{ kN} & 32\text{ kN}\cdot\text{m} \\ -500\text{ kN/m} & 0 & 0 & 500\text{ kN/m} & 0 & 0 \\ 0 & -12\text{ kN/m} & -24\text{ kN} & 0 & 12\text{ kN/m} & -24\text{ kN} \\ 0 & 24\text{ kN} & 32\text{ kN}\cdot\text{m} & 0 & -24\text{ kN} & 64\text{ kN}\cdot\text{m} \end{bmatrix} 10^{-6} \begin{bmatrix} 763.81\text{ m} \\ -87.23\text{ m} \\ -729.40\text{ rad} \\ 627.13\text{ m} \\ -112.77\text{ m} \\ 450.60\text{ rad} \end{bmatrix}$$

$$= \begin{bmatrix} 68.34\text{ kN} \\ 43.62\text{ kN} \\ 18.35\text{ kN}\cdot\text{m} \\ -68.34\text{ kN} \\ 56.38\text{ kN} \\ -43.89\text{ kN}\cdot\text{m} \end{bmatrix}$$

$$\bar{\boldsymbol{F}}^{③} = \bar{\boldsymbol{F}}^{\mathrm{F}③} + \boldsymbol{TF}^{\Delta ③}$$

$$= \begin{bmatrix} \bar{\boldsymbol{F}}_3^{\mathrm{F}} \\ \bar{\boldsymbol{F}}_4^{\mathrm{F}} \end{bmatrix}^{③} + \begin{bmatrix} \bar{\boldsymbol{\lambda}} & \mathbf{0} \\ \mathbf{0} & \bar{\boldsymbol{\lambda}} \end{bmatrix} \begin{bmatrix} \boldsymbol{k}_{33} & \boldsymbol{k}_{34} \\ \boldsymbol{k}_{43} & \boldsymbol{k}_{44} \end{bmatrix}^{③} \begin{bmatrix} \boldsymbol{\Delta}_3 \\ \boldsymbol{\Delta}_4 \end{bmatrix}$$

$$\begin{bmatrix} \bar{F}_{\mathrm{N}3} \\ \bar{F}_{\mathrm{S}3} \\ \bar{M}_3 \\ \bar{F}_{\mathrm{N}4} \\ \bar{F}_{\mathrm{S}4} \\ \bar{M}_4 \end{bmatrix}^{③} = \begin{bmatrix} 0 \\ 0 \\ 0 \\ 0 \\ 0 \\ 0 \end{bmatrix} +$$

$$\begin{bmatrix} 0 & -1 & 0 & & & \\ 1 & 0 & 0 & & \mathbf{0} & \\ 0 & 0 & 1 & & & \\ & & & 0 & -1 & 0 \\ & \mathbf{0} & & 1 & 0 & 0 \\ & & & 0 & 0 & 1 \end{bmatrix} 10^3 \begin{bmatrix} 12\text{ kN/m} & 0 & 24\text{ kN} & -12\text{ kN/m} & 0 & 24\text{ kN} \\ 0 & 500\text{ kN/m} & 0 & 0 & -500\text{ kN/m} & 0 \\ 24\text{ kN} & 0 & 64\text{ kN}\cdot\text{m} & -24\text{ kN} & 0 & 32\text{ kN}\cdot\text{m} \\ -12\text{ kN/m} & 0 & -24\text{ kN} & 12\text{ kN/m} & 0 & -24\text{ kN} \\ 0 & -500\text{ kN/m} & 0 & 0 & 500\text{ kN/m} & 0 \\ 24\text{ kN} & 0 & 32\text{ kN}\cdot\text{m} & -24\text{ kN} & 0 & 64\text{ kN}\cdot\text{m} \end{bmatrix} 10^{-6} \begin{bmatrix} 627.13\text{ m} \\ -112.77\text{ m} \\ 450.60\text{ rad} \\ 0 \\ 0 \\ 0 \end{bmatrix}$$

$$= \begin{bmatrix} 56.39\text{ kN} \\ 18.34\text{ kN} \\ 43.89\text{ kN}\cdot\text{m} \\ -56.38\text{ kN} \\ -18.34\text{ kN} \\ 29.47\text{ kN}\cdot\text{m} \end{bmatrix}$$

（8）绘制结构内力图。

由各杆杆端力即可绘制整个结构的内力图，如图 1.17（a）~（c）所示，其中轴力 F_N 图以拉为正绘制、剪力 F_S 图以绕隔离体顺时针为正绘制。

若不考虑轴向变形，采用位移法进行分析，基本未知量则为结点 2 和 3 的角位移及横梁的水平线位移，计算可得弯矩图如图 1.17（d）所示。

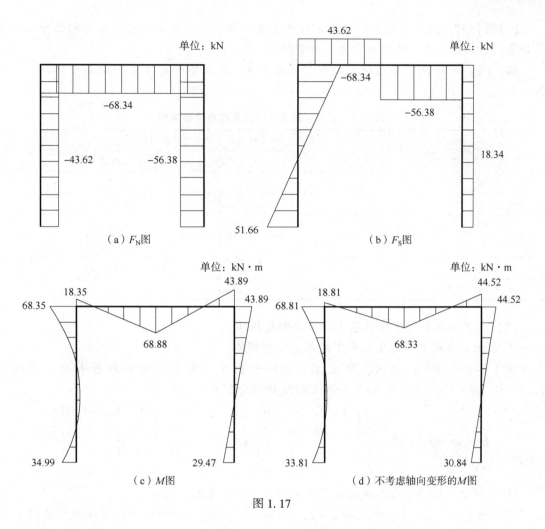

（a）F_N图 （b）F_S图

（c）M图 （d）不考虑轴向变形的M图

图 1.17

【例 1.2】 求如图 1.18 所示桁架各杆的内力，各杆 EA 均相同。

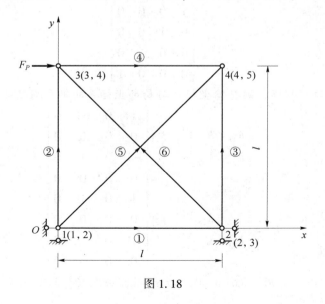

图 1.18

【分析】对桁架结构的求解与刚架步骤完全一样，只是桁架中任一结点的位移只有两个分量，作用在结点上的外力分量也只有两个。

解：（1）对结点、单元进行编码，见表 1.3；建立整体坐标系和局部坐标系，参见图 1.18。

表 1.3　各单元始末端结点及结点位移编码

单元码	结点码（结点位移编码）	
	始端 i	末端 j
①	1 (1, 2)	2 (2, 3)
②	2 (2, 3)	3 (3, 4)
③	2 (2, 3)	4 (4, 5)
④	3 (3, 4)	4 (4, 5)
⑤	1 (1, 2)	4 (4, 5)
⑥	2 (2, 3)	3 (3, 4)

（2）求各单元在整体坐标系下的单元刚度矩阵。

① 求出各单元在局部坐标系下的单元刚度矩阵。

由于各单元 EA 均相同、单元①～④杆长相同、单元⑤和⑥杆长相同，因此由式（1.9）可求得局部坐标系下各单元刚度矩阵分别为

$$\bar{k}^{①}=\bar{k}^{②}=\bar{k}^{③}=\bar{k}^{④}=\frac{EA}{l}\begin{bmatrix} 1 & 0 & -1 & 0 \\ 0 & 0 & 0 & 0 \\ -1 & 0 & 1 & 0 \\ 0 & 0 & 0 & 0 \end{bmatrix},\bar{k}^{⑤}=\bar{k}^{⑥}=\frac{\sqrt{2}EA}{2l}\begin{bmatrix} 1 & 0 & -1 & 0 \\ 0 & 0 & 0 & 0 \\ -1 & 0 & 1 & 0 \\ 0 & 0 & 0 & 0 \end{bmatrix}$$

② 进行坐标转换求出各单元在整体坐标系下的单元刚度矩阵。

对于单元①和④，$\alpha=0°$，$\cos\alpha=1$，$\sin\alpha=0$，由式（1.15）可计算单元①和④的坐标转换矩阵，即

$$T=\begin{bmatrix} 1 & 0 & 0 & 0 \\ 0 & 1 & 0 & 0 \\ 0 & 0 & 1 & 0 \\ 0 & 0 & 0 & 1 \end{bmatrix}$$

由于 $T=I$，为单位矩阵，则整体坐标系与局部坐标系的单元刚度矩阵相同，即

$$k^{①}=\begin{bmatrix} k_{11} & k_{12} \\ k_{21} & k_{22} \end{bmatrix}^{①}=\frac{EA}{l}\begin{bmatrix} 1 & 0 & -1 & 0 \\ 0 & 0 & 0 & 0 \\ -1 & 0 & 1 & 0 \\ 0 & 0 & 0 & 0 \end{bmatrix}$$

$$k^{④}=\begin{bmatrix} k_{33} & k_{34} \\ k_{43} & k_{44} \end{bmatrix}^{④}=\frac{EA}{l}\begin{bmatrix} 1 & 0 & -1 & 0 \\ 0 & 0 & 0 & 0 \\ -1 & 0 & 1 & 0 \\ 0 & 0 & 0 & 0 \end{bmatrix}$$

对于单元②和③，$\alpha=90°$，$\cos\alpha=0$，$\sin\alpha=1$，由式（1.15）可计算单元②和③的坐

标转换矩阵为单位矩阵，即

$$T = \begin{bmatrix} 0 & 1 & 0 & 0 \\ -1 & 0 & 0 & 0 \\ 0 & 0 & 0 & 1 \\ 0 & 0 & -1 & 0 \end{bmatrix}$$

由式（1.21）可计算单元②和③在整体坐标系下的单元刚度矩阵为

$$k^{②} = k^{③} = T^{\mathrm{T}} \bar{k}^e T = \begin{bmatrix} 0 & -1 & 0 & 0 \\ 1 & 0 & 0 & 0 \\ 0 & 0 & 0 & -1 \\ 0 & 0 & 1 & 0 \end{bmatrix} \frac{EA}{l} \begin{bmatrix} 1 & 0 & -1 & 0 \\ 0 & 0 & 0 & 0 \\ -1 & 0 & 1 & 0 \\ 0 & 0 & 0 & 0 \end{bmatrix} \begin{bmatrix} 0 & 1 & 0 & 0 \\ -1 & 0 & 0 & 0 \\ 0 & 0 & 0 & 1 \\ 0 & 0 & -1 & 0 \end{bmatrix}$$

则

$$k^{②} = \begin{bmatrix} k_{11} & k_{13} \\ k_{31} & k_{33} \end{bmatrix}^{②} = \frac{EA}{l} \begin{bmatrix} 0 & 0 & 0 & 0 \\ 0 & 1 & 0 & -1 \\ 0 & 0 & 0 & 0 \\ 0 & -1 & 0 & 1 \end{bmatrix}$$

$$k^{③} = \begin{bmatrix} k_{22} & k_{24} \\ k_{42} & k_{44} \end{bmatrix}^{③} = \frac{EA}{l} \begin{bmatrix} 0 & 0 & 0 & 0 \\ 0 & 1 & 0 & -1 \\ 0 & 0 & 0 & 0 \\ 0 & -1 & 0 & 1 \end{bmatrix}$$

对于单元⑤，$\alpha = 45°$，$\cos \alpha = \dfrac{\sqrt{2}}{2}$，$\sin \alpha = \dfrac{\sqrt{2}}{2}$，由式（1.15）可计算单元⑤的坐标转换矩阵为单位矩阵，即

$$T = \frac{\sqrt{2}}{2} \begin{bmatrix} 1 & 1 & 0 & 0 \\ -1 & 1 & 0 & 0 \\ 0 & 0 & 1 & 1 \\ 0 & 0 & -1 & 1 \end{bmatrix}$$

由式（1.21）可计算单元⑤在整体坐标系下的单元刚度矩阵为

$$k^{⑤} = T^{\mathrm{T}} \bar{k}^{⑤} T = \frac{\sqrt{2}}{2} \begin{bmatrix} 1 & -1 & 0 & 0 \\ 1 & 1 & 0 & 0 \\ 0 & 0 & 1 & -1 \\ 0 & 0 & 1 & 1 \end{bmatrix} \frac{\sqrt{2} EA}{2l} \begin{bmatrix} 1 & 0 & -1 & 0 \\ 0 & 0 & 0 & 0 \\ -1 & 0 & 1 & 0 \\ 0 & 0 & 0 & 0 \end{bmatrix} \frac{\sqrt{2}}{2} \begin{bmatrix} 1 & 1 & 0 & 0 \\ -1 & 1 & 0 & 0 \\ 0 & 0 & 1 & 1 \\ 0 & 0 & -1 & 1 \end{bmatrix}$$

则

$$k^{⑤} = \begin{bmatrix} k_{11} & k_{14} \\ k_{41} & k_{44} \end{bmatrix}^{⑤} = \frac{\sqrt{2} EA}{4l} \begin{bmatrix} 1 & 1 & -1 & -1 \\ 1 & 1 & -1 & -1 \\ -1 & -1 & 1 & 1 \\ -1 & -1 & 1 & 1 \end{bmatrix}$$

对于单元⑥，$\alpha = 135°$，$\cos \alpha = -\dfrac{\sqrt{2}}{2}$，$\sin \alpha = \dfrac{\sqrt{2}}{2}$，由式（1.15）计算单元⑥的坐标转换矩阵为单位矩阵为

$$T = \frac{\sqrt{2}}{2}\begin{bmatrix} -1 & 1 & 0 & 0 \\ -1 & -1 & 0 & 0 \\ 0 & 0 & -1 & 1 \\ 0 & 0 & -1 & -1 \end{bmatrix}$$

由式（1.21）可计算单元⑥在整体坐标系下的单元刚度矩阵为

$$\boldsymbol{k}^{⑥} = \boldsymbol{T}^{\mathrm{T}}\,\bar{\boldsymbol{k}}^{⑥}\,\boldsymbol{T} = \frac{\sqrt{2}}{2}\begin{bmatrix} -1 & -1 & 0 & 0 \\ 1 & -1 & 0 & 0 \\ 0 & 0 & -1 & -1 \\ 0 & 0 & 1 & -1 \end{bmatrix}\frac{\sqrt{2}EA}{2l}\begin{bmatrix} 1 & 0 & -1 & 0 \\ 0 & 0 & 0 & 0 \\ -1 & 0 & 1 & 0 \\ 0 & 0 & 0 & 0 \end{bmatrix}\frac{\sqrt{2}}{2}\begin{bmatrix} -1 & 1 & 0 & 0 \\ -1 & -1 & 0 & 0 \\ 0 & 0 & -1 & 1 \\ 0 & 0 & -1 & -1 \end{bmatrix}$$

则

$$\boldsymbol{k}^{⑥} = \begin{bmatrix} \boldsymbol{k}_{22} & \boldsymbol{k}_{23} \\ \boldsymbol{k}_{32} & \boldsymbol{k}_{33} \end{bmatrix}^{⑥} = \frac{\sqrt{2}EA}{4l}\begin{bmatrix} 1 & -1 & -1 & 1 \\ -1 & 1 & 1 & -1 \\ -1 & 1 & 1 & -1 \\ 1 & -1 & -1 & 1 \end{bmatrix}$$

（3）组集结构原始刚度矩阵。

按直接刚度法将各单刚子块"对号入座"形成总刚 $\boldsymbol{K}^0$，建立结构原始刚度方程。

$$\boldsymbol{K}^0 = \begin{bmatrix} \boldsymbol{k}_{11}^{①}+\boldsymbol{k}_{11}^{②}+\boldsymbol{k}_{11}^{⑤} & \boldsymbol{k}_{12}^{①} & \boldsymbol{k}_{13}^{②} & \boldsymbol{k}_{14}^{⑤} \\ \boldsymbol{k}_{21}^{①} & \boldsymbol{k}_{22}^{①}+\boldsymbol{k}_{22}^{③}+\boldsymbol{k}_{22}^{⑥} & \boldsymbol{k}_{23}^{⑥} & \boldsymbol{k}_{24}^{③} \\ \boldsymbol{k}_{31}^{②} & \boldsymbol{k}_{32}^{⑥} & \boldsymbol{k}_{33}^{②}+\boldsymbol{k}_{33}^{④}+\boldsymbol{k}_{33}^{⑥} & \boldsymbol{k}_{34}^{④} \\ \boldsymbol{k}_{41}^{⑤} & \boldsymbol{k}_{42}^{③} & \boldsymbol{k}_{43}^{④} & \boldsymbol{k}_{44}^{③}+\boldsymbol{k}_{44}^{④}+\boldsymbol{k}_{44}^{⑤} \end{bmatrix}$$

$$= \frac{EA}{l}\begin{bmatrix} 1+\frac{\sqrt{2}}{4} & \frac{\sqrt{2}}{4} & -1 & 0 & 0 & 0 & -\frac{\sqrt{2}}{4} & -\frac{\sqrt{2}}{4} \\ \frac{\sqrt{2}}{4} & 1+\frac{\sqrt{2}}{4} & 0 & 0 & 0 & -1 & -\frac{\sqrt{2}}{4} & -\frac{\sqrt{2}}{4} \\ -1 & 0 & 1+\frac{\sqrt{2}}{4} & -\frac{\sqrt{2}}{4} & -\frac{\sqrt{2}}{4} & \frac{\sqrt{2}}{4} & 0 & 0 \\ 0 & 0 & -\frac{\sqrt{2}}{4} & 1+\frac{\sqrt{2}}{4} & \frac{\sqrt{2}}{4} & -\frac{\sqrt{2}}{4} & 0 & -1 \\ 0 & 0 & -\frac{\sqrt{2}}{4} & \frac{\sqrt{2}}{4} & 1+\frac{\sqrt{2}}{4} & -\frac{\sqrt{2}}{4} & -1 & 0 \\ 0 & -1 & \frac{\sqrt{2}}{4} & -\frac{\sqrt{2}}{4} & -\frac{\sqrt{2}}{4} & 1+\frac{\sqrt{2}}{4} & 0 & 0 \\ -\frac{\sqrt{2}}{4} & -\frac{\sqrt{2}}{4} & 0 & 0 & -1 & 0 & 1+\frac{\sqrt{2}}{4} & \frac{\sqrt{2}}{4} \\ -\frac{\sqrt{2}}{4} & -\frac{\sqrt{2}}{4} & 0 & -1 & 0 & 0 & \frac{\sqrt{2}}{4} & 1+\frac{\sqrt{2}}{4} \end{bmatrix}$$

（4）引入边界条件，形成结构刚度方程。

已知 1、2 结点位移为零，而结点力未知；3、4 结点位移未知，但结点力已知。故结构原始刚度方程为

$$
\begin{bmatrix} F_{x1} \\ F_{y1} \\ F_{x2} \\ F_{y2} \\ F_P \\ 0 \\ 0 \\ 0 \end{bmatrix} = \frac{EA}{l}
\begin{bmatrix}
1+\frac{\sqrt{2}}{4} & \frac{\sqrt{2}}{4} & -1 & 0 & 0 & 0 & -\frac{\sqrt{2}}{4} & -\frac{\sqrt{2}}{4} \\
\frac{\sqrt{2}}{4} & 1+\frac{\sqrt{2}}{4} & 0 & 0 & 0 & -1 & -\frac{\sqrt{2}}{4} & -\frac{\sqrt{2}}{4} \\
-1 & 0 & 1+\frac{\sqrt{2}}{4} & -\frac{\sqrt{2}}{4} & -\frac{\sqrt{2}}{4} & \frac{\sqrt{2}}{4} & 0 & 0 \\
0 & 0 & -\frac{\sqrt{2}}{4} & 1+\frac{\sqrt{2}}{4} & \frac{\sqrt{2}}{4} & -\frac{\sqrt{2}}{4} & 0 & -1 \\
0 & 0 & -\frac{\sqrt{2}}{4} & \frac{\sqrt{2}}{4} & 1+\frac{\sqrt{2}}{4} & -\frac{\sqrt{2}}{4} & -1 & 0 \\
0 & -1 & \frac{\sqrt{2}}{4} & -\frac{\sqrt{2}}{4} & -\frac{\sqrt{2}}{4} & 1+\frac{\sqrt{2}}{4} & 0 & 0 \\
-\frac{\sqrt{2}}{4} & -\frac{\sqrt{2}}{4} & 0 & 0 & -1 & 0 & 1+\frac{\sqrt{2}}{4} & \frac{\sqrt{2}}{4} \\
-\frac{\sqrt{2}}{4} & -\frac{\sqrt{2}}{4} & 0 & -1 & 0 & 0 & \frac{\sqrt{2}}{4} & 1+\frac{\sqrt{2}}{4}
\end{bmatrix}
\begin{bmatrix} 0 \\ 0 \\ 0 \\ 0 \\ u_3 \\ v_3 \\ u_4 \\ v_4 \end{bmatrix}
$$

删去原始刚度矩阵中与位移为零对应的行和列，即可形成结构刚度方程如下：

$$
\begin{bmatrix} F_P \\ 0 \\ 0 \\ 0 \end{bmatrix} = \frac{EA}{l}
\begin{bmatrix}
1+\frac{\sqrt{2}}{4} & -\frac{\sqrt{2}}{4} & -1 & 0 \\
-\frac{\sqrt{2}}{4} & 1+\frac{\sqrt{2}}{4} & 0 & 0 \\
-1 & 0 & 1+\frac{\sqrt{2}}{4} & \frac{\sqrt{2}}{4} \\
0 & 0 & \frac{\sqrt{2}}{4} & 1+\frac{\sqrt{2}}{4}
\end{bmatrix}
\begin{bmatrix} u_3 \\ v_3 \\ u_4 \\ v_4 \end{bmatrix}
$$

（5）解方程，求出未知结点位移。

$$
\begin{bmatrix} u_3 \\ v_3 \\ u_4 \\ v_4 \end{bmatrix} = \frac{F_P l}{EA}
\begin{bmatrix} 2.135 \\ 0.558 \\ 1.693 \\ -0.442 \end{bmatrix}
$$

（6）计算各单元杆端力。

按式（1.49）计算各单元的杆端力分别为

$$
\bar{F}^{①} = TF^{①} = \begin{bmatrix} \bar{\lambda} & 0 \\ 0 & \bar{\lambda} \end{bmatrix}
\begin{bmatrix} k_{11} & k_{12} \\ k_{21} & k_{22} \end{bmatrix}^{①}
\begin{bmatrix} \Delta_1 \\ \Delta_2 \end{bmatrix}
$$

$$
\begin{bmatrix} \overline{F}_{N1} \\ \overline{F}_{S1} \\ \overline{F}_{N2} \\ \overline{F}_{S2} \end{bmatrix}^{①} = \begin{bmatrix} 1 & 0 & 0 & 0 \\ 0 & 1 & 0 & 0 \\ 0 & 0 & 1 & 0 \\ 0 & 0 & 0 & 1 \end{bmatrix} \frac{EA}{l} \begin{bmatrix} 1 & 0 & -1 & 0 \\ 0 & 0 & 0 & 0 \\ -1 & 0 & 1 & 0 \\ 0 & 0 & 0 & 0 \end{bmatrix} \begin{bmatrix} 0 \\ 0 \\ 0 \\ 0 \end{bmatrix} = \begin{bmatrix} 0 \\ 0 \\ 0 \\ 0 \end{bmatrix}
$$

$$
\overline{\boldsymbol{F}}^{②} = \boldsymbol{T}\boldsymbol{F}^{②} = \begin{bmatrix} \overline{\boldsymbol{\lambda}} & \boldsymbol{0} \\ \boldsymbol{0} & \overline{\boldsymbol{\lambda}} \end{bmatrix} \begin{bmatrix} k_{11} & k_{13} \\ k_{31} & k_{33} \end{bmatrix}^{②} \begin{bmatrix} \boldsymbol{\Delta}_1 \\ \boldsymbol{\Delta}_3 \end{bmatrix}
$$

$$
\begin{bmatrix} \overline{F}_{N1} \\ \overline{F}_{S1} \\ \overline{F}_{N3} \\ \overline{F}_{S3} \end{bmatrix}^{②} = \begin{bmatrix} 0 & 1 & 0 & 0 \\ -1 & 0 & 0 & 0 \\ 0 & 0 & 0 & 1 \\ 0 & 0 & -1 & 0 \end{bmatrix} \frac{EA}{l} \begin{bmatrix} 0 & 0 & 0 & 0 \\ 0 & 1 & 0 & -1 \\ 0 & 0 & 0 & 0 \\ 0 & -1 & 0 & 1 \end{bmatrix} \frac{F_P l}{EA} \begin{bmatrix} 0 \\ 0 \\ 2.135 \\ 0.558 \end{bmatrix} = \begin{bmatrix} -0.558F_P \\ 0 \\ 0.558F_P \\ 0 \end{bmatrix}
$$

$$
\overline{\boldsymbol{F}}^{③} = \boldsymbol{T}\boldsymbol{F}^{③} = \begin{bmatrix} \overline{\boldsymbol{\lambda}} & \boldsymbol{0} \\ \boldsymbol{0} & \overline{\boldsymbol{\lambda}} \end{bmatrix} \begin{bmatrix} k_{22} & k_{24} \\ k_{42} & k_{44} \end{bmatrix}^{③} \begin{bmatrix} \boldsymbol{\Delta}_2 \\ \boldsymbol{\Delta}_4 \end{bmatrix}
$$

$$
\begin{bmatrix} \overline{F}_{N2} \\ \overline{F}_{S2} \\ \overline{F}_{N4} \\ \overline{F}_{S4} \end{bmatrix}^{③} = \begin{bmatrix} 0 & 1 & 0 & 0 \\ -1 & 0 & 0 & 0 \\ 0 & 0 & 0 & 1 \\ 0 & 0 & -1 & 0 \end{bmatrix} \frac{EA}{l} \begin{bmatrix} 0 & 0 & 0 & 0 \\ 0 & 1 & 0 & -1 \\ 0 & 0 & 0 & 0 \\ 0 & -1 & 0 & 1 \end{bmatrix} \frac{F_P l}{EA} \begin{bmatrix} 0 \\ 0 \\ 1.693 \\ -0.442 \end{bmatrix} = \begin{bmatrix} 0.442F_P \\ 0 \\ -0.442F_P \\ 0 \end{bmatrix}
$$

$$
\overline{\boldsymbol{F}}^{④} = \boldsymbol{T}\boldsymbol{F}^{④} = \begin{bmatrix} \overline{\boldsymbol{\lambda}} & \boldsymbol{0} \\ \boldsymbol{0} & \overline{\boldsymbol{\lambda}} \end{bmatrix} \begin{bmatrix} k_{33} & k_{34} \\ k_{43} & k_{44} \end{bmatrix}^{④} \begin{bmatrix} \boldsymbol{\Delta}_3 \\ \boldsymbol{\Delta}_4 \end{bmatrix}
$$

$$
\begin{bmatrix} \overline{F}_{N3} \\ \overline{F}_{S3} \\ \overline{F}_{N4} \\ \overline{F}_{S4} \end{bmatrix}^{④} = \begin{bmatrix} 1 & 0 & 0 & 0 \\ 0 & 1 & 0 & 0 \\ 0 & 0 & 1 & 0 \\ 0 & 0 & 0 & 1 \end{bmatrix} \frac{EA}{l} \begin{bmatrix} 1 & 0 & -1 & 0 \\ 0 & 0 & 0 & 0 \\ -1 & 0 & 1 & 0 \\ 0 & 0 & 0 & 0 \end{bmatrix} \frac{F_P l}{EA} \begin{bmatrix} 2.135 \\ 0.558 \\ 1.693 \\ -0.442 \end{bmatrix} = \begin{bmatrix} 0.442F_P \\ 0 \\ -0.442F_P \\ 0 \end{bmatrix}
$$

$$
\overline{\boldsymbol{F}}^{⑤} = \boldsymbol{T}\boldsymbol{F}^{⑤} = \begin{bmatrix} \overline{\boldsymbol{\lambda}} & \boldsymbol{0} \\ \boldsymbol{0} & \overline{\boldsymbol{\lambda}} \end{bmatrix} \begin{bmatrix} k_{11} & k_{14} \\ k_{41} & k_{44} \end{bmatrix}^{⑤} \begin{bmatrix} \boldsymbol{\Delta}_1 \\ \boldsymbol{\Delta}_4 \end{bmatrix}
$$

$$
\begin{bmatrix} \overline{F}_{N1} \\ \overline{F}_{S1} \\ \overline{F}_{N4} \\ \overline{F}_{S4} \end{bmatrix}^{⑤} = \frac{\sqrt{2}}{2} \begin{bmatrix} -1 & 1 & 0 & 0 \\ -1 & -1 & 0 & 0 \\ 0 & 0 & -1 & 1 \\ 0 & 0 & -1 & -1 \end{bmatrix} \frac{\sqrt{2}EA}{4l} \begin{bmatrix} 1 & 1 & -1 & -1 \\ 1 & 1 & -1 & -1 \\ -1 & -1 & 1 & 1 \\ -1 & -1 & 1 & 1 \end{bmatrix} \frac{F_P l}{EA} \begin{bmatrix} 0 \\ 0 \\ 1.693 \\ -0.442 \end{bmatrix} = \begin{bmatrix} 0.626F_P \\ 0 \\ -0.626F_P \\ 0 \end{bmatrix}
$$

$$
\overline{\boldsymbol{F}}^{⑥} = \boldsymbol{T}\boldsymbol{F}^{⑥} = \begin{bmatrix} \overline{\boldsymbol{\lambda}} & \boldsymbol{0} \\ \boldsymbol{0} & \overline{\boldsymbol{\lambda}} \end{bmatrix} \begin{bmatrix} k_{22} & k_{23} \\ k_{32} & k_{33} \end{bmatrix}^{⑥} \begin{bmatrix} \boldsymbol{\Delta}_2 \\ \boldsymbol{\Delta}_3 \end{bmatrix}
$$

$$\begin{bmatrix} \overline{F}_{N2} \\ \overline{F}_{S2} \\ \overline{F}_{N3} \\ \overline{F}_{S3} \end{bmatrix}^{\textcircled{6}} = \frac{\sqrt{2}}{2} \begin{bmatrix} -1 & 1 & 0 & 0 \\ -1 & -1 & 0 & 0 \\ 0 & 0 & -1 & 1 \\ 0 & 0 & -1 & -1 \end{bmatrix} \frac{\sqrt{2}EA}{4l} \begin{bmatrix} 1 & -1 & -1 & 1 \\ -1 & 1 & 1 & -1 \\ -1 & 1 & 1 & -1 \\ 1 & -1 & -1 & 1 \end{bmatrix} \frac{F_P l}{EA} \begin{bmatrix} 0 \\ 0 \\ 2.135 \\ 0.558 \end{bmatrix} = \begin{bmatrix} 0.789F_P \\ 0 \\ -0.789F_P \\ 0 \end{bmatrix}$$

（7）列出桁架轴力表。

将桁架各杆轴力列表，见表1.4。

表1.4　桁架各杆轴力

单元号	①	②	③	④	⑤	⑥
轴力	0	$0.558F_P$	$-0.442F_P$	$-0.442F_P$	$0.626F_P$	$-0.789F_P$

思考与讨论

1. 矩阵位移法与位移法有何异同？
2. 在矩阵位移法中为何不仅要建立整体坐标系，还要建立局部坐标系？
3. 在整体坐标系和局部坐标系中，杆端力和杆端位移正负号各是如何规定的？
4. 单元刚度矩阵具有哪些特性？试论述各元素的物理意义。
5. 何为等效结点荷载？所谓的"等效"是指哪方面等效？
6. 结构原始刚度矩阵是如何形成的？有哪些特性？
7. 矩阵位移法是否可以用于计算静定结构？

习题

1.1 试写出图1.19所示结构原始刚度矩阵中的子矩阵 $\boldsymbol{k}_{22}$、$\boldsymbol{k}_{24}$。

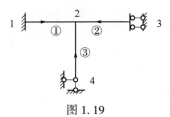

图1.19

1.2 试求图1.20所示结构的原始刚度矩阵。已知单元①、②在整体坐标系中的单元刚度矩阵为

$$\boldsymbol{k}^{\textcircled{1}} = 10^5 \begin{bmatrix} 16 & 12 & -16 & -12 \\ 12 & 9 & -12 & -9 \\ -16 & -12 & 16 & 12 \\ -12 & -9 & 12 & 9 \end{bmatrix}, \boldsymbol{k}^{\textcircled{2}} = 10^5 \begin{bmatrix} 18 & -24 & -18 & 24 \\ -24 & 32 & 24 & -32 \\ -18 & 24 & 18 & -24 \\ 24 & -32 & -24 & 32 \end{bmatrix}$$

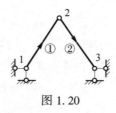

图 1.20

1.3 写出图 1.21 所示平面桁架原始刚度矩阵中的元素 k_{77}、k_{78}，各杆 EA 相同且为常数。

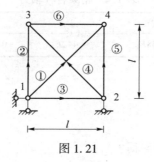

图 1.21

1.4 试求图 1.22 所示结构的等效结点荷载列阵。

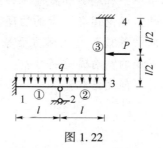

图 1.22

1.5 试求图 1.23 所示结构的综合结点荷载列阵。

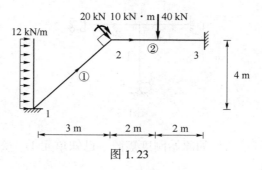

图 1.23

1.6 已知图 1.24 所示桁架的结点位移列阵为

$\boldsymbol{\Delta}=[0,0,2.567\,7,0.041\,5,1.041\,5,1.367\,3,1.609\,2,-1.726\,5,1.640\,8,0,1.208\,4,-0.400\,7]^{\mathrm{T}}$，

$EA=1$ kN。试求杆 1，4 的轴力。

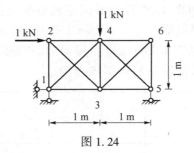

图 1.24

1.7　试用矩阵位移法计算图 1.25 所示刚架的内力，绘制内力图，并与忽略轴向变形影响的结果进行对比。各杆 E、I、A 相同，且 $A = \dfrac{1\,000I}{l^2}$。

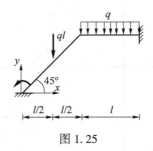

图 1.25

工程案例分析

【**案例 1**】用矩阵位移法计算分析图 1.26 所示简支钢结构屋架。屋架各杆均采用空心圆钢管，上下弦杆截面尺寸为 180 mm×8 mm，中间竖杆截面尺寸为 200 mm×12 mm，其他腹杆截面尺寸为 95 mm×5 mm，钢材弹性模量为 2.1×10^5 N/mm²。试分别采用不同的计算模型进行对比分析。

（1）所有杆件均采用平面一般弯曲单元；

（2）所有杆件均采用平面桁架单元；

（3）上下弦杆及中间竖杆采用平面一般弯曲单元，其他腹杆采用平面桁架单元。

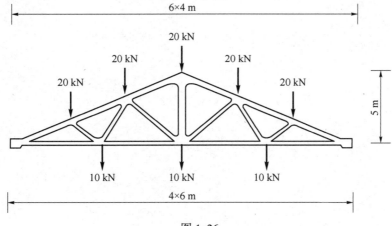

图 1.26

【案例2】用矩阵位移法对图 1.27 所示 6 层钢筋混凝土框架结构进行计算分析。梁、柱均采用矩形截面，其中横梁截面尺寸为 $b×h=300$ mm×600 mm，柱截面尺寸为 $b×h=600$ mm×600 mm。楼面活载按 7.0 kN/m 计，屋面的活载按 5.27 kN/m 计。试绘制屋面满布荷载及楼面荷载隔跨布置情况下的框架内力图。

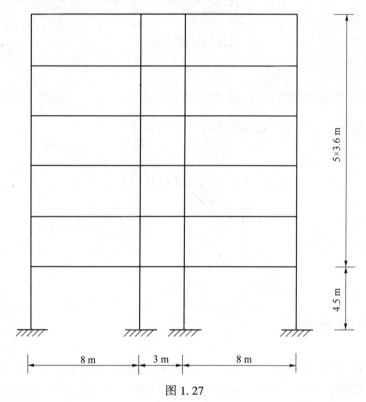

图 1.27

专题 2

影响线及其应用

教学资源

引言

　　工程结构通常承受各种荷载作用，如桥梁结构承受自重、桥面附属设施荷载、列车荷载、汽车荷载等（见图 2.1）。自重、桥面附属设施荷载等恒载相对结构的位置是固定不动的，称为固定荷载。而桥梁上行驶的列车或汽车活载等相对结构的位置是移动的，一般将这种大小和方向不变，而作用位置发生移动的荷载称为移动荷载。

图 2.1

2.1　影响线的概念

　　实际移动荷载通常由若干大小和间距不变的竖向移动荷载组组成。如图 2.2（a）所示的简支梁，一辆汽车自梁端 A 向梁端 B 行驶，汽车的 3 个轴重为大小和间距不变的竖向荷载组 F_{P1}、F_{P2}、F_{P3}，如图 2.2（b）所示。显然，在车辆移动过程中，荷载组的作用位置不断发生变化，随之简支梁的反力、内力也都将随荷载的移动而变化。结构设计必须以反力和内力可能发生的最大值作为设计的依据。然而不同反力和不同截面内力变化规律各不相同，即使同一截面，不同内力的变化规律也不相同。因此，必须研究荷载移动时反力和内力的变化规律，确定最不利荷载位置（使结构某反力或内力达到最大值时荷载的位置）。

工程中移动荷载类型很多，不可能逐一进行分析讨论，但可寻找共性，探求内在规律。如图 2.2（c）所示单位集中移动荷载 $F_P = 1$ 即是从各种复杂荷载中抽象出来的最简单、最基本、最典型的移动荷载，可以分析单位集中荷载沿结构移动时的反力和内力的变化规律。例如通过分析可得到支座 A 的竖向支座反力随荷载 $F_P = 1$ 从 A 端移动到 B 端的变化规律，如图 2.2（d）所示。将这种方向不变的单位集中移动荷载（通常竖直向下）沿结构移动时某一指定量值（反力、内力或位移）随荷载移动位置变化规律的图形称为该量值的影响线。

当移动荷载组移动到某一位置时不难通过影响线图形确定各荷载对应的竖标，如图 2.2（d）所示 F_{P1}、F_{P2}、F_{P3} 对应的竖标分别为 y_1、y_2、y_3。然后根据叠加原理便可顺利求解荷载组 F_{P1}、F_{P2}、F_{P3} 作用于该位置时的 F_{Ay} 量值，即

$$F_{Ay} = F_{P1}y_1 + F_{P2}y_2 + F_{P3}y_3$$

由于荷载组 F_{P1}、F_{P2}、F_{P3} 移动过程中支座反力 F_{Ay} 量值不断发生变化，可通过比较确定 F_{Ay} 的最大值，此时对应的位置即为最不利荷载位置。

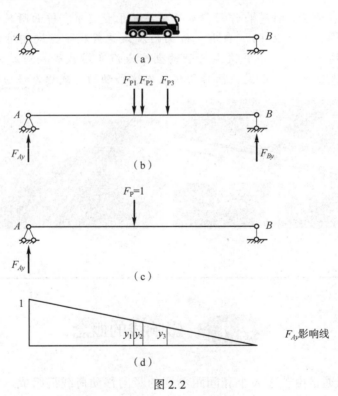

图 2.2

绘制影响线的基本方法一般有两种：静力法和机动法。

2.2 静力法作影响线

静力法是以荷载的作用位置 x 为自变量，根据平衡条件求出所求量值与荷载位置 x 之间的函数关系式，即影响线方程，再根据方程作出影响线图形。

2.2.1　单跨静定梁的影响线

下面以图 2.3 所示简支梁为例讲解如何用静力法作单跨静定梁的影响线。

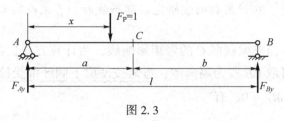

图 2.3

1. 支座反力影响线

可取 A 为坐标原点，x 轴以向右为正，坐标 x 表示荷载 $F_P = 1$ 作用的位置。当 $F_P = 1$ 在梁上任意位置（$0 \leqslant x \leqslant l$）时，取全梁为隔离体，设支座反力向上为正，由平衡条件 $\sum M_B = 0$，则有

$$F_{Ay}l - F_P(l-x) = 0$$

得

$$F_{Ay} = \frac{l-x}{l} \qquad (0 \leqslant x \leqslant l)$$

这就是 F_{Ay} 影响线方程，是 x 的一次函数，由此可知 F_{Ay} 的影响线是一直线，只需确定两点量值即可绘制。即

当 $x = 0$ 时，$F_{Ay} = 1$；

当 $x = l$ 时，$F_{Ay} = 0$。

通常规定正值的竖标绘在基线的上方，在图形中标注正负号及关键竖标后即可得 F_{Ay} 影响线图形如图 2.4（a）所示。根据影响线的定义，F_{Ay} 影响线中任意竖标即代表当荷载 $F_P = 1$ 作用在该位置时支座反力 F_{Ay} 的量值。

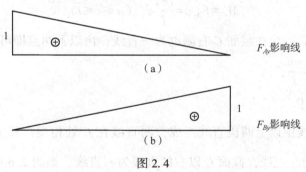

图 2.4

同理，由平衡条件 $\sum M_A = 0$，有

$$F_{By}l - F_P x = 0$$

由此可得 F_{By} 影响线方程为

$$F_{By} = \frac{x}{l} \qquad (0 \leqslant x \leqslant l)$$

即

当 $x=0$ 时，$F_{By}=0$；

当 $x=l$ 时，$F_{By}=1$。

便可绘出 F_{By} 影响线图形如图 2.4（b）所示。

注意：荷载 $F_P=1$ 是不带任何单位的，即为量纲一的量。由此可知，支座反力影响线的竖标也是量纲一的量。在利用影响线研究实际荷载时，再乘以实际荷载相应的单位。

2. 弯矩影响线

若绘制图 2.3 所示简支梁截面 C 的弯矩影响线，为计算方便，当 $F_P=1$ 在梁上 AC 段移动时，为计算简便可取 CB 段为隔离体，弯矩按使梁下侧纤维受拉为正，如图 2-5（a）所示。由平衡条件 $\sum M_C=0$，有

$$M_C=F_{By}b=\frac{x}{l}b \quad (0\leqslant x\leqslant a)$$

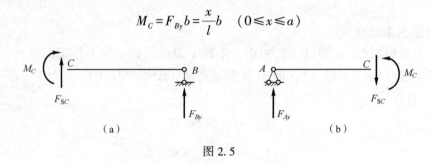

图 2.5

由此可知，M_C 影响线在截面 C 左侧为一直线，由以下两点即可绘出，即

当 $x=0$ 时，$M_C=0$；

当 $x=a$ 时，$M_C=\dfrac{ab}{l}$。

同理，当 $F_P=1$ 在梁上 CB 段移动时，为计算方便，可取 AC 段为隔离体，如图 2-5（b）所示。由平衡条件 $\sum M_C=0$，有

$$M_C=F_{Ay}a=\frac{l-x}{l}a \quad (a\leqslant x\leqslant l)$$

由此可知，M_C 影响线在截面 C 右侧也为一直线，由以下两点即可绘出，即

当 $x=a$ 时，$M_C=\dfrac{ab}{l}$；

当 $x=l$ 时，$M_C=0$。

可见，M_C 影响线由以上两段直线组成，两直线在 C 处相交，其竖标为 $\dfrac{ab}{l}$。通常又称截面 C 以左的直线为左直线，截面 C 以右的直线为右直线，如图 2.6 所示。

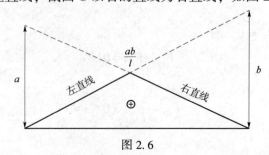

图 2.6

由图 2.6 所示简支梁的弯矩 M_C 影响线可以看出，左直线可由反力 F_{By} 的影响线乘以 b 并取其 AC 段而得到，右直线则可由反力 F_{Ay} 影响线乘以 a 并取 CB 段而得到。这种利用已知影响线作其他影响线的方法是很方便的，后面还会经常使用此方法。

3. 剪力影响线

剪力影响线的绘制方法同弯矩影响线一样，当 $F_P = 1$ 在梁上 AC 段移动时，为计算方便，仍取 CB 段为隔离体，<u>剪力正方向规定以绕隔离体顺时针方向转动为正</u>，如图 2.5（a）所示。由平衡条件 $\sum F_y = 0$，有

$$F_{SC} = -F_{By} \quad (0 \leqslant x \leqslant a)$$

由上式可知，AC 段剪力影响线与 F_{By} 影响线数值相同，符号相反。同理，当 $F_P = 1$ 在梁上 CB 段移动时，为计算方便，仍取 AC 段为隔离体，如图 2.5（b）所示。由平衡条件 $\sum F_y = 0$，有

$$F_{SC} = F_{Ay} \quad (a \leqslant x \leqslant l)$$

可直接利用 F_{By} 和 F_{Ay} 影响线绘出剪力影响线，如图 2.7 所示。

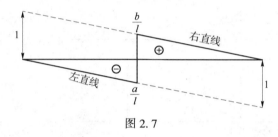

图 2.7

【例 2.1】 作如图 2.8（a）所示伸臂梁 F_{Ay}、M_C、F_{SC}、F_{SB}^L、M_D、F_{SD}、F_{SB}^R 的影响线，其中 F_{Ay} 为支座 A 竖向支反力，M_C 和 F_{SC} 分别为 C 截面的弯矩和剪力，M_D 和 F_{SD} 分别为 D 截面的弯矩和剪力，F_{SB}^L 和 F_{SB}^R 分别为支座左截面和右截面的剪力。

解：（1）支座反力影响线。

仍取 A 为坐标原点，x 轴以向右为正，如图 2.8（a）所示。当荷载 $F_P = 1$ 作用于梁上任一位置 x 时，取整体为隔离体，由平衡条件 $\sum M_B = 0$，可求得 A 支座反力为

$$F_{Ay} = \frac{l-x}{l} \quad (-l_1 \leqslant x \leqslant l+l_2)$$

可见，伸臂梁的支座反力影响线方程与简支梁相同，只是荷载 $F_P = 1$ 作用范围有所扩大，不仅包括跨内部分，也包括外伸部分。因此，跨内部分（AB 段）支座反力影响线与简支梁完全一样，仍为直线。然后将该直线分别向左右两个外伸部分延长，即可得出整个外伸梁的影响线，如图 2.8（b）所示。

（2）跨内截面内力 M_C、F_{SC}、F_{SB}^L 的影响线。

为求解两支座间任意截面 C 的弯矩和剪力影响线，所采用的方法与简支梁相同。即当 $F_P = 1$ 在梁上 EC 段移动时，取 CF 段为隔离体，由平衡条件得

$$M_C = F_{By} b$$
$$F_{SC} = -F_{By}$$

当 $F_P=1$ 在梁上 CF 段移动时，取 EC 段为隔离体，由平衡条件得

$$M_C = F_{Ay}a$$

$$F_{SC} = F_{Ay}$$

据此可绘出 M_C 和 F_{SC} 影响线分别如图 2.8（c）、图 2.8（d）所示。可以看出，伸臂梁跨内部分截面内力影响线与简支梁完全相同，外伸部分只需将简支梁相应截面的内力影响线的左、右直线分别向左、右两伸臂部分延长即可。

对于支座 B 左截面的剪力 F_{SB}^L 影响线，与 F_{SC} 影响线绘制方法相同，或可由 F_{SC} 影响线使截面 C 趋于 B 左而得到，如图 2.8（e）所示。

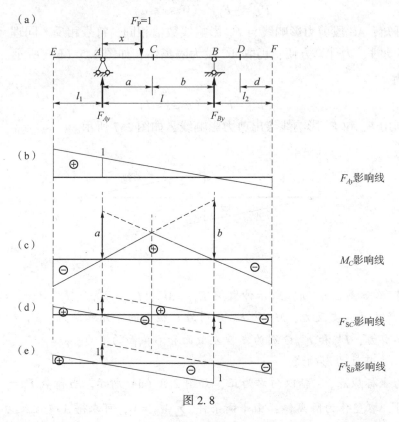

图 2.8

（3）外伸截面内力 M_D、F_{SD}、F_{SB}^R 的影响线。

为求解伸臂梁外伸部分 D 截面的内力影响线，为计算简便，可取 DF 段为隔离体，由平衡条件进行求解。

当 $F_P=1$ 在 ED 段移动时，由于 DF 段无荷载，则 $M_D=0$，$F_{SD}=0$。

当 $F_P=1$ 在 DF 段移动时，为计算方便，可取 D 为坐标原点，x 轴以向右为正，如图 2.9（a）所示，坐标 x 表示荷载 $F_P=1$ 作用的位置。由平衡条件得 $M_D=-x$，$F_{SD}=1$。据此可绘出 M_D 和 F_{SD} 影响线分别如图 2.9（b）、图 2.9（c）所示。可以看出，伸臂梁外伸部分截面内力影响线与悬臂梁相应截面内力影响线完全相同。

对于支座 B 右截面的剪力 F_{SB}^R 影响线，可由 F_{SD} 影响线使截面 D 趋于 B 右而得到，如图 2.9（d）所示。

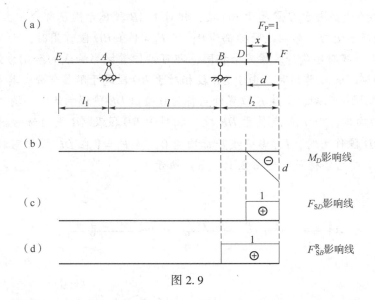

图 2.9

由以上用静力法作简支梁和伸臂梁影响线的例子可以看出：

（1）用静力法作反力或内力影响线，方法与固定荷载作用下求反力或内力完全相同，即都是取隔离体由平衡条件进行求解。

（2）影响线方程中的自变量 x 为荷载 $F_P=1$ 作用的位置，因变量为所求的量值。因此，当移动荷载作用在结构不同部分上所求量值的影响线方程不相同时，应将它们分段写出，并在作图时注意各方程的适用范围。

（3）对于静定结构，其反力和内力的影响线方程都是 x 的一次函数，故静定结构反力和内力影响线都由直线组成。

（4）静定结构的位移及超静定结构的各种量值影响线，一般都为曲线。

2.2.2　多跨静定梁的影响线

对于多跨静定梁的影响线，只需分清基本部分和附属部分及相互之间的传力关系，利用单跨梁的已知影响线即可顺利绘出。下面以例 2.2 为例讲解多跨静定梁影响线的作法。

【例 2.2】 用静力法作如图 2.10（a）所示多跨静定梁 M_F、M_G、F_{SE}^L 的影响线。

解： 如图 2-10（a）所示多跨静定梁的几何组成顺序是先组成 AB 段，再组成 BD 段，最后组成 DE 段。因此 AB 段为基本部分，BD 段相对于 AB 段为附属部分，相对于 DE 段为基本部分。

先作 M_F 影响线，当 $F_P=1$ 在 AB 段作用时，AB 段影响线与单跨静定梁完全相同，即可按悬臂梁影响线绘出 AB 段影响线；当 $F_P=1$ 在 BD 段作用时，由于静定结构内力影响线必为直线，铰点 B 位置处竖标已知，支座 C 位置处竖标为 0 即可连成直线，由此可绘出 BD 段影响线；当 $F_P=1$ 在 DE 段作用时，同样由于铰点 D 位置处竖标已知，支座 E 位置处竖标为 0 即可绘出 DE 段影响线，如图 2.10（b）所示。

对于 M_G 影响线，由于 G 点属于 BD 段，相对于 AB 段属于附属部分。当 $F_P = 1$ 在 AB 段作用时，BD 段应不受力，影响线竖标都为 0；当 $F_P = 1$ 在 BD 段作用时，由于荷载作用于本身这段，由此影响线与单跨静定梁完全相同，即可按伸臂梁影响线的绘制方法绘出 BD 段影响线；当 $F_P = 1$ 在 DE 段作用时，由于 DE 段相对于 BD 段属于附属部分，其影响线绘制仍可按铰点 D 位置处竖标已知、支座 E 位置处竖标为 0 绘出 DE 段影响线，如图 2.10（c）所示。

对于 F_{SE}^L 影响线，由于 E 点属于 DE 段，相对于 BD 段及 AB 段均为附属部分。当 $F_P = 1$ 在 AB 段及 BD 段作用时，F_{SE}^L 影响线竖标均为 0；当 $F_P = 1$ 在 DE 段作用时，其影响线的绘制与单跨静定梁完全相同，如图 2.10（d）所示。

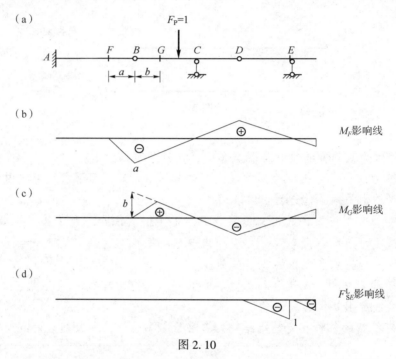

图 2.10

多跨静定梁影响线的作法如下：
（1）当 $F_P = 1$ 在量值本身所在梁段上移动时，量值影响线与相应单跨静定梁相同。
（2）当 $F_P = 1$ 在相对于量值所在部分为基本部分的梁段上移动时，量值影响线的竖标为 0。
（3）当 $F_P = 1$ 在相对于量值所在部分为附属部分的梁段上移动时，量值影响线为直线。只需根据铰处竖标已知及支座处竖标为 0 等条件，即可绘出。

2.2.3　间接荷载作用下的影响线

对于纵横梁桥面系统的桥梁结构，荷载直接作用在纵梁上，纵梁简支在横梁上，横梁简支在主梁上，如图 2.11（a）所示。因此，不论纵梁承受何种荷载，主梁都只承受横梁处的集中力。因此，对于主梁来说，这种荷载称为间接荷载或结点荷载。

下面研究在间接荷载作用下主梁内力影响线的作法。

（1）M_D 影响线。

D 点正好在横梁处，当荷载 $F_P=1$ 在 D 以左移动时，可取 D 右端部分为隔离体；当荷载 $F_P=1$ 在 D 以右移动时，可取 D 左端部分为隔离体。求解方法与直接荷载作用完全相同，所得 M_D 影响线如图 2.11（b）所示。

（2）M_C 影响线。

C 点处于两相邻横梁 D、E 之间，当荷载 $F_P=1$ 在 D 以左和 E 以右移动时，影响线也与直接荷载作用相同。当荷载 $F_P=1$ 在结点 D、E 之间移动时，主梁将在 D、E 处分别承受 $\dfrac{d-x}{d}$ 和 $\dfrac{x}{d}$ 的作用，如图 2.11（c）所示。设直接荷载作用下 M_C 影响线在 D、E 处的竖标分别为 y_D 和 y_E，则根据影响线的定义和叠加原理可知，M_C 值应为

$$y=\frac{d-x}{d}y_D+\frac{x}{d}y_E$$

上式为 x 的一次式，可知 M_C 影响线在 DE 段为直线，即为连接竖标 y_D 和 y_E 的直线，如图 2.11（d）所示。

间接荷载作用下影响线的一般结论可表述如下：

（1）间接荷载作用下两相邻结点之间的影响线为一直线。

（2）先作出直接荷载作用下的影响线，用直线连接相邻两结点的竖标即得间接荷载作用下的影响线。

（3）F_{SC} 影响线。

C 处于两相邻结点 D、E 之间，可利用间接荷载作用下影响线的性质作影响线。首先作出直接荷载作用下截面 C 的 F_{SC} 影响线；然后对结点 A、D 竖标取左直线量值，结点 E、F、B 竖标取右直线量值；最后用直线将相邻结点竖标相连即形成 F_{SC} 影响线，如图 2.11（e）所示。

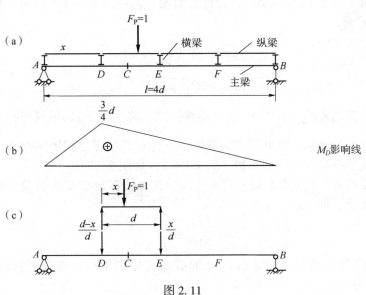

图 2.11

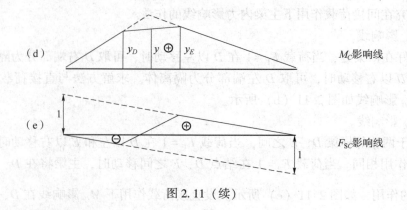

（d）
y_D　y $\oplus$　y_E
M_C影响线

（e）
1
$\ominus$　$\oplus$
F_{SC}影响线
1

图 2.11（续）

2.2.4 桁架的轴力影响线

桁架结构上作用的荷载一般通过纵梁和横梁传递到主梁，因此也属于间接荷载或结点荷载作用。桁架轴力影响线方程的求解与固定荷载作用下轴力的求解方法相同。下面以如图 2.12（a）所示平行弦简支桁架为例，说明桁架轴力影响线的绘制方法。

1. 下弦杆 F_{NCD} 影响线

先假设荷载 $F_P = 1$ 在下弦杆移动，可用过 CC' 右侧截面Ⅰ—Ⅰ将桁架截开，如图 2.12（a）所示。当 $F_P = 1$ 在截面Ⅰ—Ⅰ以左移动时，为计算简便，可取截面Ⅰ—Ⅰ以右部分为隔离体，由力矩方程 $\sum M_{C'} = 0$ 得

$$F_{NCD} \cdot h - F_{By} \cdot 3d = 0$$

$$F_{NCD} = \frac{3d}{h} F_{By}$$

由此可知，只需先绘出支座反力 F_{By} 的影响线，其绘制方法与前述简支梁支座反力影响线相同。然后将支座反力 F_{By} 影响线竖标乘以 $\frac{3d}{h}$，由此可确定结点 A 和 C 的竖标。当 $F_P = 1$ 在截面Ⅰ—Ⅰ以右移动时，为计算简便，取截面Ⅰ—Ⅰ左部分为隔离体，由力矩方程 $\sum M_{C'} = 0$ 得

$$F_{NCD} \cdot h - F_{Ay} \cdot d = 0$$

$$F_{NCD} = \frac{d}{h} F_{Ay}$$

由此可知，只需先绘出反力 F_{Ay} 的影响线，然后将反力 F_{Ay} 影响线竖标乘以 $\frac{d}{h}$，即可确定结点 D、E 和 B 的竖标。根据间接荷载作用下各相邻结点之间影响线为直线的性质，只需将各相邻结点竖标连成直线即可得 F_{NCD} 影响线，如图 2.12（c）所示。

由几何关系可知，F_{NCD} 影响线左右两直线的交点恰在矩心 C' 位置处，两直线方程也可以合并为一个式子，即

$$F_{NCD} = \frac{M_{C'}^0}{h}$$

式中，$M_{C'}^0$ 为相应简支梁对应于矩心 C' 处的截面弯矩影响线，将其竖标除以力臂 h 即为 F_{NCD} 影响线。

当荷载 $F_P = 1$ 在上弦杆移动时，影响线作法与下弦杆承载相同。

2. 斜杆 $F_{NC'D}$ 影响线

当荷载 $F_P = 1$ 在下弦杆移动时，仍用截面 I—I 截开桁架，由投影方程 $\sum F_y = 0$ 进行求解。当 $F_P = 1$ 在截面 I—I 以左移动时，取截面 I—I 以右部分为隔离体，有

$$F_{NC'D}\sin \alpha = -F_{By}$$

由此可确定结点 A 和 C 对应的影响线的竖标，当 $F_P = 1$ 在截面 I—I 以右移动时，取截面 I—I 以左部分为隔离体，有

$$F_{NC'D}\sin \alpha = F_{Ay}$$

由此可确定结点 D、E、B 对应的影响线的竖标，然后将各结点对应的竖标连成直线即可得出 $F_{NC'D}$ 影响线，如图 2.12（d）所示。

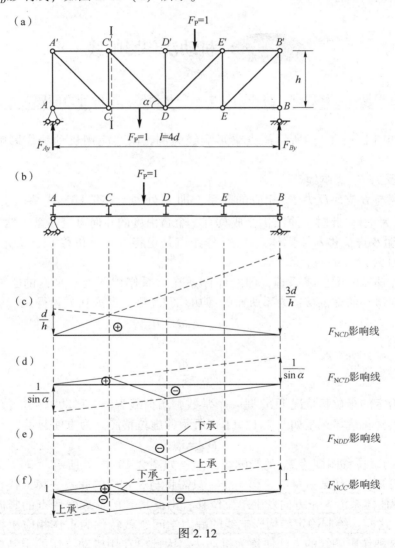

图 2.12

由相应简支梁节间 CD 的剪力 F_{SCD}^0 可得，$F_{NC'D}\sin \alpha = F_{SCD}^0$。

当荷载 $F_P = 1$ 在上弦杆移动时，影响线作法与下弦杆作用移动荷载时的影响线作法相同。

3. 竖杆 $F_{NDD'}$ 影响线

当荷载 $F_P=1$ 沿桁架下弦杆移动时，无论荷载处于何位置，杆 DD' 都为零杆，即

$$F_{NDD'}=0$$

但当荷载 $F_P=1$ 沿桁架上弦杆移动时，由结点 D' 的平衡条件 $\sum F_y=0$ 可知：

当 $F_P=1$ 在结点 D' 作用时，$F_{NDD'}=-1$；

当 $F_P=1$ 在其他结点作用时，$F_{NDD'}=0$。

将各相邻结点对应的竖标连成直线，即作出 $F_{NDD'}$ 影响线，如图 2.12（e）所示。

因此，在绘制桁架轴力影响线时，一定要注意区分是上弦承载还是下弦承载，因为两种荷载作用情况下所作出的影响线有时是不同的，图 2.12（f）给出了竖杆 CC' 的轴力影响线，请读者自行验证。

2.3 机动法作影响线

机动法是根据虚位移原理，将作结构中某一量值影响线的静力问题转化为作位移图的几何学问题。

下面以如图 2.13（a）所示简支梁影响线为例，阐述应用机动法作影响线的原理和步骤。

1. 支座反力 F_{By} 影响线

首先去掉与 B 支座反力 F_{By} 相应的联系，即 B 处的支座链杆，代替以正向的反力 F_{By}（假定以向上为正）。此时，原结构变成具有 1 个自由度的几何可变体系。然后，使体系沿 F_{By} 正向发生微小虚位移 δ_B，则体系在 F_P 作用点处也将发生虚位移 δ_P，只是与荷载 F_P 方向相反，如图 2.13（b）所示。

根据刚体体系的虚位移原理，即刚体体系在力系作用下处于平衡的必要和充分条件是：对于任何微小的虚位移，力系所作的虚功总和为零。由虚功方程得

$$F_{By}\delta_B-F_P\delta_P=0$$

因 $F_P=1$，可得

$$F_{By}=\frac{\delta_P}{\delta_B}$$

由于在给定的虚位移情况下 δ_B 是一个常数，当荷载 $F_P=1$ 移动时，δ_P 值也随 F_P 位置发生变化，其变化规律正是如图 2.13（b）所示的虚位移图。为方便起见，令 $\delta_B=1$，则

$$F_{By}=\delta_P$$

此式说明 δ_P 的虚位移图即为 F_{By} 的影响线图形，如图 2.13（c）所示。

由以上可知，欲作某一量值 S 影响线，只需将与 S 相应的联系去掉，代替以相应的约束力 S，然后使体系沿 S 正方向发生单位位移，由此得到的荷载作用点的竖向位移图即为 S 的影响线。这样，绘制静定结构影响线的静力学问题就转化为求作相应机构位移图的几何学问题，这种作影响线的方法便称为机动法。因此，在用机动法作静定结构影响线时必须熟悉机构运动的几何特征。

2. 弯矩 M_C 影响线

去掉与弯矩 M_C 相应的联系（在截面 C 处改为铰接），以一对力偶 M_C（弯矩按使梁下

侧纤维受拉为正）代替，如图 2.13（d）所示。然后使体系沿 M_C 正方向发生微小虚位移，则杆 AC 绕 A 转动 α，杆 BC 绕 B 转动 β，即体系沿 M_C 正方向发生虚位移 $\alpha+\beta$，则 F_P 作用点处沿 F_P 相反方向发生虚位移 δ_P。由虚功方程有

$$M_C(\alpha+\beta)-F_P\delta_P=0$$

式中，$F_P=1$，$\alpha+\beta=1$，得

$$M_C=\delta_P$$

可知 δ_P 的虚位移图即为 M_C 影响线图形，如图 2.13（e）所示。

　　由于 $\alpha+\beta=1$ 是微小的，那么 $AA'=a(\alpha+\beta)=a$，由几何关系即可确定 C 点竖标为 $\dfrac{ab}{l}$。

3. 剪力 F_{SC} 影响线

　　去掉与剪力 F_{SC} 相应的联系（在截面 C 处改为两根水平链杆相连），以一对正向剪力 F_{SC}（正向规定与前面一致）代替，如图 2-13（f）所示。然后使体系沿 F_{SC} 正方向发生微小虚位移 $\delta_C=CC_1+CC_2$，则 F_P 作用点处沿 F_P 相反方向发生虚位移 δ_P。由虚功方程有

$$F_{SC}\delta_C-F_P\delta_P=0$$

式中，$F_P=1$，$\delta_C=1$，得

$$F_{SC}=\delta_P$$

可知 δ_P 的虚位移图即为 F_{SC} 影响线图形，如图 2.13（g）所示。

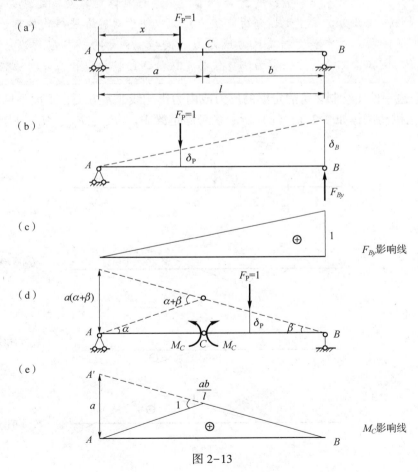

图 2-13

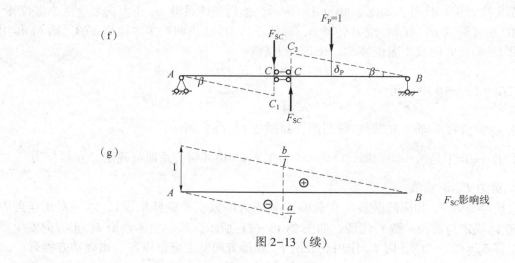

(f)

(g)

图 2-13（续）

由于 $\delta_c = CC_1 + CC_2 = 1$，则由几何关系即可确定 C 点左侧竖标为 $-\dfrac{a}{l}$，C 点右侧竖标为 $\dfrac{b}{l}$。

综上所述，机动法作影响线的优点在于不必经过具体计算就可迅速绘出影响线的轮廓。在设计中将此方法用于定性分析非常方便，也便于对静力法所作的影响线进行校核，减少计算工作量。对于静定结构反力或内力影响线，由于去掉相应约束后的体系为有 1 个自由度的刚体，体系的虚位移为刚体位移，故静定结构反力和内力的影响线都为直线。

根据这一性质绘制多跨静定梁的反力或内力影响线非常方便，下面举例说明。

◎ 用机动法作如图 2.14（a）所示多跨静定梁 M_F、F_{SF}、F_{Cy}、M_G、F_{SE}^L 的影响线。

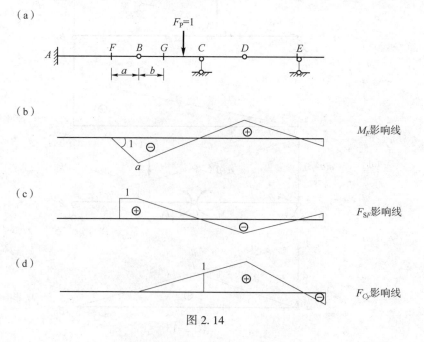

图 2.14

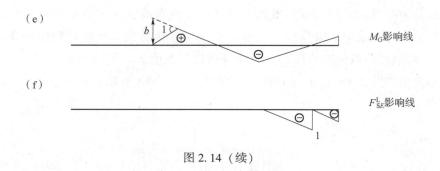

图 2.14（续）

由以上多跨静定梁的例题可以看出，静定结构在去掉 1 个约束后可能只在局部形成机构，而其余部分仍然保持几何不变体系。几何不变部分在机构运动时不会发生位移，这表明了当荷载 $F_P=1$ 作用于该部分时，所求量值 S 将保持为零。

对于间接荷载作用下单跨梁或多跨静定梁，同样可先作出直接荷载作用下的影响线，然后取各结点竖标，将各竖标用直线相连，此处不再赘述。

对于静定平面桁架，若用机动法绘制，虽然能由机构虚位移图迅速绘出影响线轮廓图形，但当机构在几何上比较复杂时，影响线的竖标常不易求得。可先运用机动法迅速确定所求量值影响线的图形特征，再运用静力法确定图形上控制点的竖标，从而顺利地完成较复杂桁架影响线的绘制。

对于连续梁或其他超静定结构的反力或内力影响线，由于去掉量值相应约束后的体系仍为几何不变体系，影响线为变形体系的虚位移，则其图形为曲线。

2.4　影响线的工程应用

前面讨论了影响线的绘制方法，绘制影响线的目的是利用影响线确定实际活载对结构的影响。在桥梁、房屋建筑、工业建筑中的吊车梁等结构中，影响线是活载作用下结构设计的一项基本工具。活载的类型繁多，如：铁路上行驶的各种客运列车和货运列车，公路上行驶的各种车辆，吊车梁上运行的吊车，以及人群荷载等。无论何种形式的活载，只需先绘出某一量值的影响线，便可利用影响线求出荷载作用于某一位置时的该量值，确定荷载的最不利位置及该位置处的最不利量值。

2.4.1　工程中常用活载图示

1. 均布荷载

如建筑结构设计中使用的楼面和屋面活载，以及桥梁设计中的人群荷载等，数值依据使用情况按相关行业规范执行，分布长度可任意断续布置。

2. 汽车荷载

汽车类型很多，轴重、轴距各异。为简化设计，我国现行《公路桥涵设计通用规范》

将汽车荷载分为公路-Ⅰ级和公路-Ⅱ级两个等级。汽车荷载由车道荷载和车辆荷载组成，桥梁结构的整体计算采用车道荷载，局部计算采用车辆荷载。车道荷载由均布荷载 q_k 和集中荷载 F_k 组成，荷载标准值按不同公路等级进行取值，计算图示如图 2.15（a）所示。车辆荷载布置图如图 2.15（b）（立面）与图 2.15（c）（平面）所示，其中轴重单位为 kN，长度单位为 m。

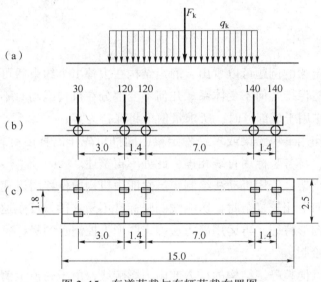

图 2.15　车道荷载与车辆荷载布置图

3. 列车荷载

列车由机车和车辆组成，机车和车辆类型也很多。为规范设计，我国根据机车车辆轴重、轴距对桥梁的不同影响及考虑车辆的发展趋势，制定了中华人民共和国铁路标准活载图示，简称"中-活载"。它一般适用于 160 km/h 以下的普通铁路，以及时速 200 km 的客货共线铁路。标准"中-活载"包括普通活载和特种活载两种，如图 2.16 所示。普通荷载中前面 5 个集中荷载代表 1 台机车的 5 个轴重，中部 30 m 长的一段均布荷载代表与之连挂的另一台机车的平均重量，后面任意长的均布荷载代表车辆的平均重量。设计加载时，活载图示可以任意截取。特种活载包含 3 个轮轴荷载，总重小但轴重大，对于小跨度（或加载长度短）桥涵起控制作用。

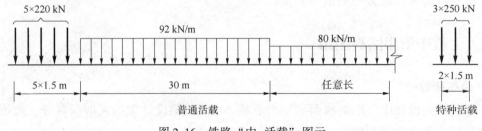

图 2.16　铁路"中-活载"图示

对于时速 200 km 以上的客运专线和时速 300 km 以上的高速铁路，采用"ZK-活载"，它包括标准活载和特种活载两种，如图 2.17 所示。空车静活载为 10 kN/m，设计加载时，活载图示可以任意截取，按最不利情况进行加载。

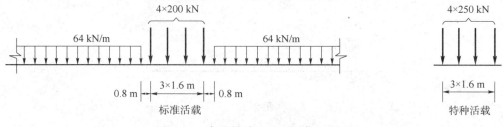

图 2.17 高速铁路 "ZK-活载" 图示

对于城市轨道交通列车荷载，不同型号的车辆轴重、轴距略有差异，通常按 6~8 节车辆进行编组，荷载图示如图 2.18 所示，加载时按间距不变的行列荷载进行加载。

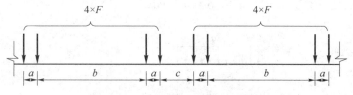

图 2.18 城市轨道列车荷载图示

4. 吊车荷载

吊车通常用于工业建筑中起吊货物，是吊车梁设计中需要考虑的活荷载，属于间距不变的行列荷载。图 2.19 为两台吊车的荷载图示。

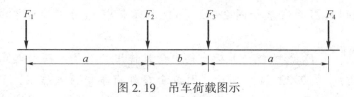

图 2.19 吊车荷载图示

2.4.2 利用影响线求量值

影响线描述了单位荷载作用下某一量值随荷载作用位置的变化规律。当荷载为一组荷载时，可利用影响线根据叠加原理求出总量值。

1. 一组集中荷载

当结构上作用一组集中荷载 F_{P1}，F_{P2}，$\cdots$，F_{Pn} 时，如图 2.20（a）所示，某一量值影响线及各荷载作用点的竖标分别为 y_1，y_2，$\cdots$，y_n，如图 2.20（b）所示。根据叠加原理可知，由这组集中荷载产生的 S 影响量值为各荷载所产生影响量值的代数和，即

$$S = \sum_{i=1}^{n} F_{Pi} y_i$$

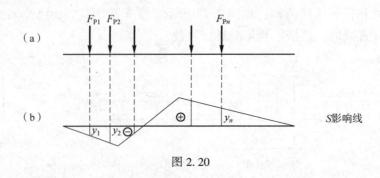

图 2.20

2. 一组分布荷载

当结构上作用一组分布荷载时，可根据微积分原理求出总量值。图 2.21 为某结构 AB 段作用一组均布荷载 q，S 影响量值可表达为

$$S = q \int_A^B y \mathrm{d}x$$

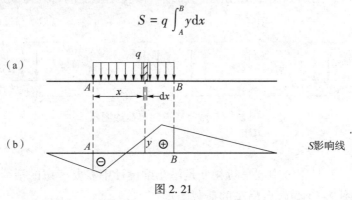

图 2.21

【例 2.3】试利用影响线求如图 2-22（a）所示荷载作用下伸臂梁截面 C 的弯矩和剪力。

解：先作出 M_C 及 F_{SC} 影响线，并标出集中荷载作用处及均布荷载起止位置处的竖标，分别如图 2.22（b）、图 2.22（c）所示。因截面 C 处有集中荷载作用，剪力将发生突变，此位置影响线的竖标有两个，故需分左右两个截面分别进行求解。

$$M_C = 12 \times \frac{2}{3} + 15 \times \frac{4}{3} - 18 \times \frac{2}{3} + 6 \times \frac{1}{2} \times 4 \times \frac{4}{3} = 32 (\mathrm{kN \cdot m})$$

$$F_{SC}^L = -12 \times \frac{1}{6} - 15 \times \frac{1}{3} - 18 \times \frac{1}{3} + 6 \times \frac{1}{2} \times 4 \times \frac{2}{3} = -5 (\mathrm{kN})$$

$$F_{SC}^R = -12 \times \frac{1}{6} + 15 \times \frac{2}{3} - 18 \times \frac{1}{3} + 6 \times \frac{1}{2} \times 4 \times \frac{2}{3} = 10 (\mathrm{kN})$$

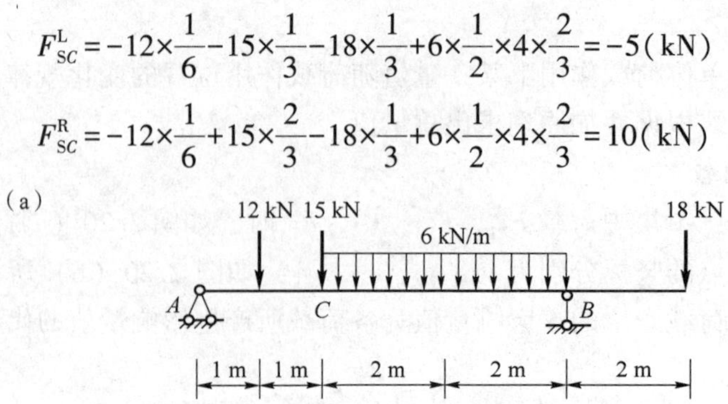

（a）

12 kN 15 kN   6 kN/m   18 kN

A C B

1 m   1 m   2 m   2 m   2 m

图 2-22

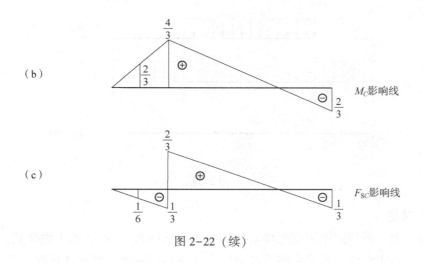

图 2-22（续）

2.4.3　最不利荷载位置的确定

前面已指出，移动荷载作用下结构上各种量值均随荷载的位置发生变化，设计时必须求出各种量值的最大值（包括最大正值和最大负值，最大负值又称最小值）作为设计的依据。因此，必须首先找出荷载作用在何位置处某一量值会产生的最大值，然后再求出荷载作用在该位置处的量值。通常将使某量值产生最大值时的荷载作用位置称为最不利荷载位置。

1. 单个集中荷载

当荷载比较简单时，最不利荷载位置凭直观感觉很容易确定。例如当只有 1 个集中荷载时，只需将该集中荷载置于 S 影响线的最大竖标处即可确定 S_{max}，置于最小竖标处即可确定 S_{min}，如图 2.23 所示。

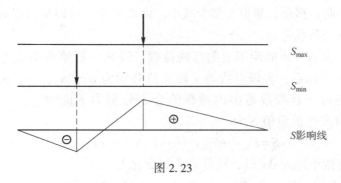

图 2.23

2. 可任意断续布置的均布荷载

在房屋建筑结构设计中，通常将楼面活载简化为可以任意断续布置的均布荷载来考虑。对于可任意断续布置的均布荷载，如人群、货物等，可利用影响线确定使某一量值 S 达到最大值的最不利活载的分布，如将均布荷载布满影响线所有正面积部分可获得 S_{max}，布满影响线所有负面积部分可获得 S_{min}，如图 2.24 所示。

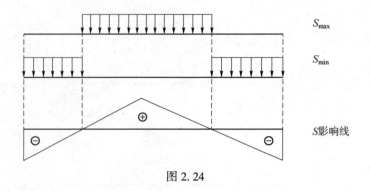

图 2.24

3. 行列荷载

行列荷载为一系列间距不变的移动荷载（也包括均布荷载），如车辆荷载、列车荷载、吊车荷载等。对于直角三角形影响线或竖标有突变的影响线，可通过直观分析即可判定出荷载的最不利位置，其判定的原则是将数值较大、排列较密的荷载置于影响线竖标较大部位。例如，如图 2.25 所示 S 影响线为直角三角形，当荷载为中活载时，显然当第一轴位于影响线顶点时所产生的 S 量值最大。

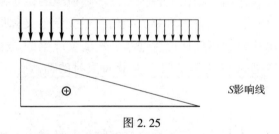

图 2.25

当荷载或影响线较复杂时，最不利荷载位置很难凭直观感觉确定。但是根据最不利荷载位置的定义可知，当荷载移动到该位置时，所求量值 S 达到最大。因此，不论荷载从该位置向左移动还是向右移动，量值 S 都会减小。由此可知，可以从讨论荷载移动时 S 增量的角度来研究最不利荷载位置。

图 2.26（a）表示一组间距不变的行列荷载，设某一量值影响线为多折线，并取如图 2.26（b）所示坐标系，各段直线与 x 轴夹角分别为 α_1，α_2，$\cdots$，α_i，$\cdots$，α_n，以逆时针方向为正。若每一直线段范围内荷载的合力分别为 F_{R1}，F_{R2}，$\cdots$，F_{Ri}，$\cdots$，F_{Rn}，则该组行列荷载所产生的量值 S 为

$$S = F_{R1}y_1 + F_{R2}y_2 + \cdots + F_{Ri}y_i + \cdots + F_{Rn}y_n$$

当荷载组移动微小距离 Δx 时，则量值 S 的变化为

$$\Delta S = F_{R1}\Delta y_1 + F_{R2}\Delta y_2 + \cdots + F_{Ri}\Delta y_i + \cdots + F_{Rn}\Delta y_n$$

$$= F_{R1}\Delta x \tan \alpha_1 + F_{R2}\Delta x \tan \alpha_2 + \cdots + F_{Ri}\Delta x \tan \alpha_i + \cdots + F_{Rn}\Delta x \tan \alpha_n$$

$$= \Delta x \sum_{i=1}^{n} F_{Ri}\tan \alpha_i$$

写成变化率形式为

$$\frac{\Delta S}{\Delta x} = \sum_{i=1}^{n} F_{Ri}\tan \alpha_i$$

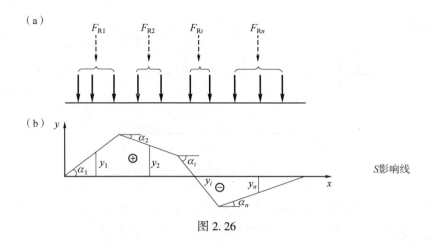

图 2.26

若 S 为极大值，则荷载组自该位置不论向左或向右移动，S 均不增加，即 $\Delta S < 0$，则

荷载向左移动 $\qquad \Delta x < 0, \qquad \sum F_{\mathrm{R}i} \tan \alpha_i > 0$

荷载向右移动 $\qquad \Delta x > 0, \qquad \sum F_{\mathrm{R}i} \tan \alpha_i < 0$

若 S 为极小值，则荷载组自该位置不论向左或向右移动，S 均不减小，即 $\Delta S > 0$，则

荷载向左移动 $\qquad \Delta x < 0, \qquad \sum F_{\mathrm{R}i} \tan \alpha_i < 0$

荷载向右移动 $\qquad \Delta x > 0, \qquad \sum F_{\mathrm{R}i} \tan \alpha_i > 0$

由此可以看出，使 S 产生极值的条件是：荷载自该位置无论向左还是向右移动微小距离，$\sum F_{\mathrm{R}i} \tan \alpha_i$ 必须变号。由此，只需讨论 $\sum F_{\mathrm{R}i} \tan \alpha_i$ 在什么情况下才可能变号。$\tan \alpha_i$ 为影响线各直线的斜率，均为常数，不会随着荷载移动发生改变。因此，只能是各直线段上荷载的合力 $F_{\mathrm{R}i}$ 数值发生改变。由分析可知，只有当某一集中荷载恰好作用在影响线的某个转折点时，$F_{\mathrm{R}i}$ 数值才会发生改变，$\sum F_{\mathrm{R}i} \tan \alpha_i$ 才有变号的可能。但不一定每个集中荷载作用在转折点处都会使 $\sum F_{\mathrm{R}i} \tan \alpha_i$ 变号。将能使 $\sum F_{\mathrm{R}i} \tan \alpha_i$ 变号的集中荷载称为临界荷载，此时荷载作用的位置称为临界位置，此位置时的量值 S 产生极值。

那么如何确定临界位置？一般先通过试算，即先将行列荷载中某一集中荷载置于影响线的折点处，当荷载分别向左、向右移动时，计算 $\sum F_{\mathrm{R}i} \tan \alpha_i$ 值，看其是否变号。若不变号，说明此荷载位置不是临界荷载位置，再换一个继续试算，直到使 $\sum F_{\mathrm{R}i} \tan \alpha_i$ 变号为止，即找出一个临界荷载位置。临界荷载位置可能不止一个，因此需要将临界位置对应的 S 极值全部求出，再从中比较出最大（最小）值。此时对应的荷载位置即为最不利荷载位置，此位置产生 S 最大（最小）值。

为了减少试算的次数，可事先通过定性分析估算一下大致的最不利荷载位置。宜将荷载中数值较大且较为密集的荷载部分置于影响线的最大竖标附近，并使同符号影响线范围内的荷载尽可能多。

对于常用的影响线（见图 2.27），临界位置的判别式可进一步简化。

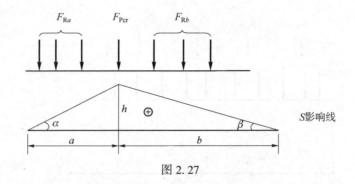

图 2.27

若 S 为极大值，则必有一临界荷载 F_{Pcr} 正好位于三角形影响线的顶点，以 F_{Ra}、F_{Rb} 分别表示 F_{Pcr} 以左和以右荷载的合力。则临界位置判别式可表达为

荷载向左移动 $\qquad \Delta x < 0$, $\qquad (F_{Ra} + F_{\text{Pcr}}) \tan \alpha - F_{Rb} \tan \beta > 0$

荷载向右移动 $\qquad \Delta x > 0$, $\qquad F_{Ra} \tan \alpha - (F_{\text{Pcr}} + F_{Rb}) \tan \beta < 0$

将 $\tan \alpha = \dfrac{h}{a}$，$\tan \beta = \dfrac{h}{b}$ 代入，得

$$\frac{F_{Ra} + F_{\text{Pcr}}}{a} > \frac{F_{Rb}}{b}$$

$$\frac{F_{Ra}}{a} < \frac{F_{\text{Pcr}} + F_{Rb}}{b}$$

上式即为三角形影响线临界位置判别式，可以形象地理解为：临界荷载 F_{Pcr} 放在顶点的哪一边，哪边"平均荷载"就大一些，可见临界荷载具有"举足轻重"的地位。

对于如图 2.28 所示均布荷载作用情况，由于量值 S 是荷载作用位置 x 的二次函数，其最不利荷载位置可由二次函数求极值的条件 $\dfrac{\mathrm{d}S}{\mathrm{d}x} = 0$ 判定，则

$$F_{Ri} \tan \alpha_i = F_{Ra} \frac{h}{a} - F_{Rb} \frac{h}{b} = 0$$

得

$$\frac{F_{Ra}}{a} = \frac{F_{Rb}}{b}$$

即左、右两边的平均荷载相等。

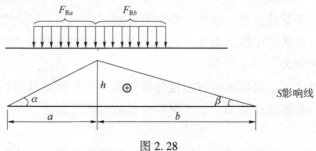

图 2.28

【**例2.4**】如图2.29（a）所示简支吊车梁，受到两台吊车荷载作用，$F_{P1} = F_{P2} = 132$ kN，$F_{P3} = F_{P4} = 144$ kN。试求支座反力 F_{By} 的最大值。

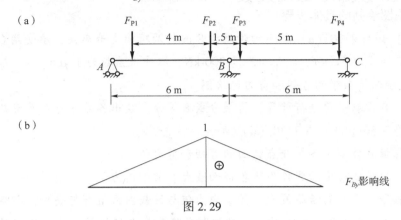

图 2.29

解：先作出 F_{By} 影响线，如图2.29（b）所示。通过直观定性分析可判断 F_{P1}、F_{P4} 不可能是临界荷载。

首先将 F_{P2} 置于 B 点，观察梁上荷载情况，此时 F_{P4} 已移动到影响线以外区域。由三角形影响线临界位置判别式，有

$$\frac{120+120}{6} > \frac{150}{6}$$

$$\frac{120}{6} < \frac{120+150}{6}$$

说明该位置是临界位置，对应的 F_{By} 值为

$$F_{By} = 132 \times \frac{1}{3} + 132 \times 1 + 144 \times \frac{3}{4} = 284 \, (\text{kN} \cdot \text{m})$$

然后将 F_{P3} 置于 B 点，有

$$\frac{120+120+150}{6} > \frac{150}{6}$$

$$\frac{120+120}{6} < \frac{150+150}{6}$$

说明该位置也是临界位置，对应的 F_{By} 值为

$$F_{By} = 132 \times \frac{1}{12} + 132 \times \frac{3}{4} + 144 \times 1 + 144 \times \frac{1}{6} = 278 \, (\text{kN} \cdot \text{m})$$

通过比较以上两种情况，可知 B 支座最大反力为 $F_{By(\max)} = 284$ kN·m。

2.4.4　内力包络图

实际工程中，梁通常承受恒载和活载的共同作用。恒载是长期作用在结构上的荷载，包括梁的自重及附属设施等。活载一般是需要计入冲击力影响的车辆活载等，通常由静活

载乘以冲击系数而得。设计中需要求出恒载和活载共同作用下梁中各截面的最大、最小内力，将其连成线，即为梁的内力包络图，以此作为设计和检算的依据。下面以简支梁为例阐述内力包络图绘制的具体步骤。

【例2.5】 如图2.30（a）所示为跨度为8 m的两跨简支吊车梁，承受两台同吨位的吊车荷载。吊车轴压为 $F_{P1} = F_{P2} = F_{P3} = F_{P4} = 200$ kN，取冲击系数为 $1+\mu = 1.1$。吊车梁自重为 12 kN/m。试绘制吊车梁的弯矩和剪力包络图。

解：（1）只需取一跨进行计算，将梁分成8等分，绘出各等分点截面弯矩和剪力影响线，分别如图2.30（b）、图2.30（d）所示。

（2）计算恒载作用下各等分点截面的弯矩和剪力值。

（3）利用影响线求出活载作用下各截面最大、最小内力值。

（4）将各等分点截面活载最大、最小内力值与恒载内力值进行叠加，即得到各等分点截面的最大、最小内力值。由于对称，只需取半跨截面进行计算。为清楚起见，将各计算数据列在表2.1和表2.2中，并以该值作为竖标连成一条平滑曲线，即得到弯矩包络图和剪力包络图，分别如图2.30（c）、图2.30（e）所示。

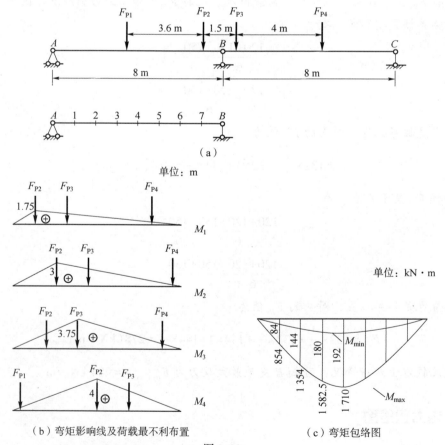

（a）

（b）弯矩影响线及荷载最不利布置　　（c）弯矩包络图

图2.30

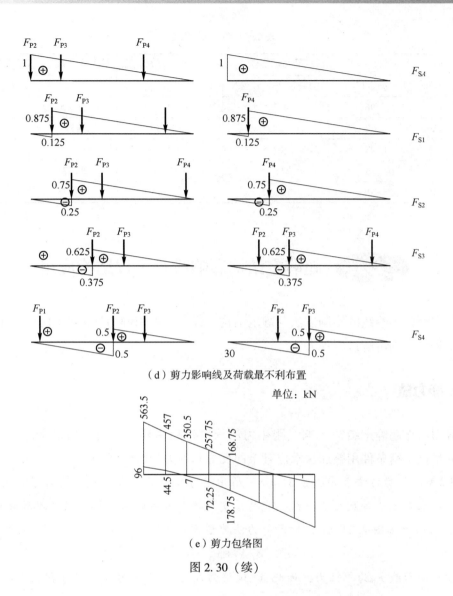

（d）剪力影响线及荷载最不利布置

单位：kN

（e）剪力包络图

图 2.30（续）

表 2.1　弯矩计算表

截面	面积	恒载弯矩 M_q	静活载弯矩	活载弯矩 M_P	最大弯矩 M_{max}	最小弯矩 M_{min}
	A_ω/m^2	$qA_\omega/(kN \cdot m)$	$\sum F_{Pi}y_i/$ $(kN \cdot m)$	$(1+\mu)\sum F_{Pi}y_i/$ $(kN \cdot m)$	$M_q+M_P/(kN \cdot m)$	$M_q/(kN \cdot m)$
1	7	84	700	770	854	84
2	12	144	1 100	1 210	1 354	144
3	15	180	1 275	1 402.5	1 582.5	180
4	16	192	1 380	1 518	1 710	192

表 2.2　剪力计算表

截面	面积	恒载剪力 F_{Sq}	活载最大剪力 $F_{SP(max)}$	活载最小剪力 $F_{SP(min)}$	最大剪力 $F_{S(max)}$	最小剪力 $F_{S(min)}$
	A_ω/m^2	qA_ω/kN	$(1+\mu)\sum F_{Pi}y_i/kN$	$(1+\mu)\sum F_{Pi}y_i/kN$	$F_{Sq}+F_{SP}/kN$	$F_{Sq}+F_{SP}/kN$
A	8	96	467.5	0	563.5	96
1	6	72	385	−27.5	457	44.5
2	4	48	302.5	−55	350.5	−7
3	2	24	233.75	−96.25	257.75	−72.25
4	0	0	168.75	−178.75	168.75	−178.75

2.5　超静定结构影响线及工程结构应用

超静定结构影响线的绘制方法与静定结构一样，仍可用静力法或机动法。下面以一次超静定梁为例分别讲解这两种方法。

2.5.1　静力法

用静力法作超静定结构影响线跟用力法求解过程一样，即先求出多余未知力的影响线，然后根据平衡条件用叠加法求出其余的反力和内力的影响线。

【例 2.6】 用静力法求如图 2.31（a）所示单跨超静定梁 B 端支座反力影响线。

解： 欲求 B 端支座反力影响线，先将该支座视为多余联系去掉，代之以多余未知力 X_1（设向上为正），如图 2.31（b）所示，力法典型方程为

$$\delta_{11}X_1 + \Delta_{1P} = 0$$

由于移动荷载 F_P 为单位力，因此 Δ_{1P} 改记为 δ_{1P}，则力法典型方程可表达为

$$\delta_{11}X_1 + \delta_{1P} = 0$$

绘出 $\overline{M}_1$、M_P 图，由图乘法可求得

$$\delta_{11} = \sum\int\frac{\overline{M}_1^2}{EI}ds = \frac{l^3}{3EI}$$

$$\delta_{1P} = \sum\int\frac{\overline{M}_1 M_P}{EI}ds = -\frac{x^2(3l-x)}{6EI}$$

将 δ_{11}，δ_{1P} 代入力法典型方程，可解得

$$X_1 = -\frac{\delta_{1P}}{\delta_{11}} = \frac{x^2(3l-x)}{2l^3}$$

据此可绘出 X_1 影响线，如图 2.31（e）所示。

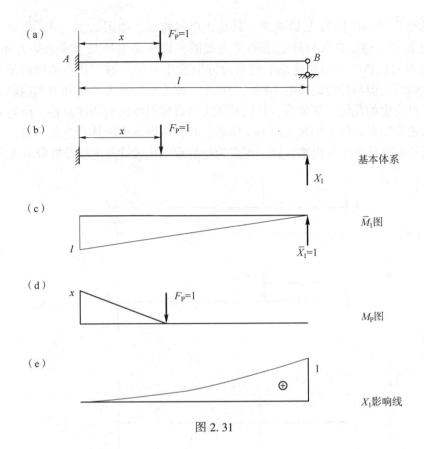

图 2.31

2.5.2 机动法

以如图 2.32（a）所示单跨静定梁 B 端支座反力的影响线为例来说明如何用机动法作超静定结构的影响线。根据位移互等定理，有

$$\delta_{1P} = \delta_{P1}$$

则

$$X_1 = -\frac{\delta_{1P}}{\delta_{11}} = -\frac{\delta_{P1}}{\delta_{11}}$$

式中，δ_{1P} 是基本结构在移动荷载 $F_P=1$ 作用下沿 X_1 方向的位移影响线，而 δ_{P1} 则是基本结构在固定荷载 $\overline{X}_1=1$ 作用下沿 $F_P=1$ 方向的位移。δ_{P1} 可由位移计算公式进行求解，只是需注意此时 $\overline{M}_1$ 图应为实际位移状态，M_P 图为虚拟力状态，故有

$$\delta_{P1} = \sum \int \frac{\overline{M}_P \overline{M}_1}{EI} \mathrm{d}s = -\frac{x^2(3l-x)}{6EI}$$

由于 $F_P=1$ 是移动的，故 δ_{P1} 是基本结构在 $\overline{X}_1=1$ 作用下 F_P 的竖向位移图，如图 2.32（c）所示。若假设 $\delta_{11}=1$，则有

$$X_1 = -\delta_{P1}$$

表明此时的竖向位移图即为 X_1 影响线，只是正负号相反，如图 2.32（d）所示。可见，用机动法作超静定结构影响线与静定结构是类似的，即都是去掉与所求未知力相应的联系，以相应的约束力代替，然后使体系沿约束力方向发生单位位移，所得的竖向位移图即为所求量值的影响线。但与静定结构的不同之处在于，静定结构在去掉未知力相应联系后，体系变为有 1 个自由度的几何可变体系，其位移图为由直线段组成的刚体位移。而超静定结构在去掉未知力相应联系后体系仍为几何不变体系，其位移图为变形体产生的位移，为曲线，其轮廓很容易凭直观感觉绘制出来，这一优点为超静定结构设计及定性分析带来极大的方便。

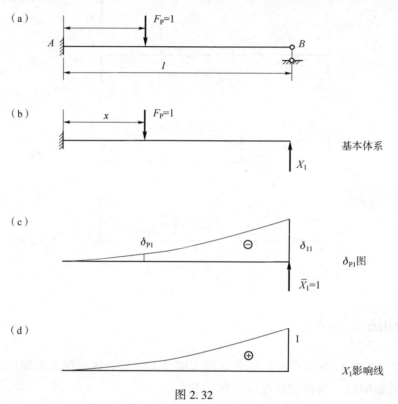

图 2.32

2.5.3　工程结构应用

以上分别讲述了用静力法和机动法作一次超静定结构反力或内力的影响线，对于多次超静定结构，用静力法分析无疑计算量较大，而机动法只是便于绘制影响线图形轮廓，适用于定性分析。实际工程结构中超静定次数较多，一般先采用机动法进行定性分析，确定活载的最不利布置，然后再借助力矩分配法或矩阵位移法（或杆件有限元法）等进行定量的计算。下面以钢筋混凝土现浇楼盖的设计为例来讲解如何利用影响线进行计算。

【例 2.7】 图 2.33 为某厂房钢筋混凝土现浇楼盖平面布置图，板厚 100 mm，钢筋混凝土容重为 25 kN/mm³，砂浆面层等厚度为 20 mm，容重为 20 kN/mm³，承受 8.0 kN/mm² 的竖向可变活载（人群活载、设备活载）。试计算楼盖板中跨跨中 3 截面的最大正弯矩，以及支座 C 处板截面的最小弯矩（或最大负弯矩）。

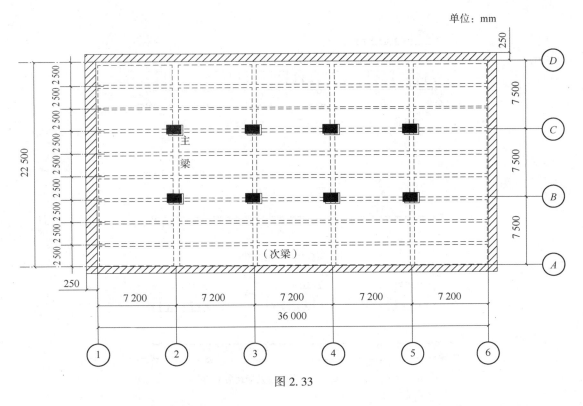

图 2.33

解：混凝土现浇楼盖板受力分析一般取 1 m 宽带，将其视为支承在次梁及墙体上的多跨连续梁。当实际跨度大于 5 跨且跨差小于 10% 时，按 5 跨连续梁计算，计算简图如图 2.34（a）所示。板承受的荷载主要有：

① 恒载，包括板的自重及砂浆面层等，荷载分项系数取 1.2，则恒载线集度为
$$q = 1.2 \times 1.0 \times (25 \times 0.1 + 20 \times 0.02) = 3.48(\text{kN/m})$$

② 活载，按最不利荷载布置，荷载分项系数暂按 1.3 计，则恒载线集度为
$$p = 1.3 \times 1.0 \times 8 = 10.4(\text{kN/m})$$

恒载是固定不动的，且为全梁满跨布置，可根据力矩分配法或矩阵位移法等求解方法绘出荷载作用下的弯矩图，如图 2.34（b）所示。由于活载是可移动的，对于求解中跨跨中 3 截面的最大正弯矩，宜首先用机动法绘出 3 截面的弯矩影响线轮廓，再按活载最不利布置将影响线正值范围内布置活载，即将本跨及隔跨均布满活载，如图 2.34（c）所示。最后求解此活载作用下的弯矩 3 截面的弯矩，弯矩图如图 2.34（d）所示。则 3 截面的最大正弯矩由恒载作用的弯矩与活载作用的弯矩进行叠加，即
$$M_{3\max} = 1.00 + 5.56 = 6.56(\text{kN} \cdot \text{m})$$

对于支座 C 处板截面的最小弯矩（或最大负弯矩），也是同样道理，先用机动法绘出该截面的弯矩影响线轮廓，再按活载最不利布置将影响线负值范围内布置活载，即将支座 C 左右相邻两跨布满活载，再隔跨均布满活载，如图 2.34（e）所示。求出此活载作用下支座 C 处板截面的弯矩，其弯矩如图 2.34（f）所示。则支座 C 处板截面的最小弯矩（或最大负弯矩）由恒载作用的弯矩与活载作用的弯矩进行叠加，即
$$M_{C\min} = -1.72 - 7.23 = -8.95(\text{kN} \cdot \text{m})$$

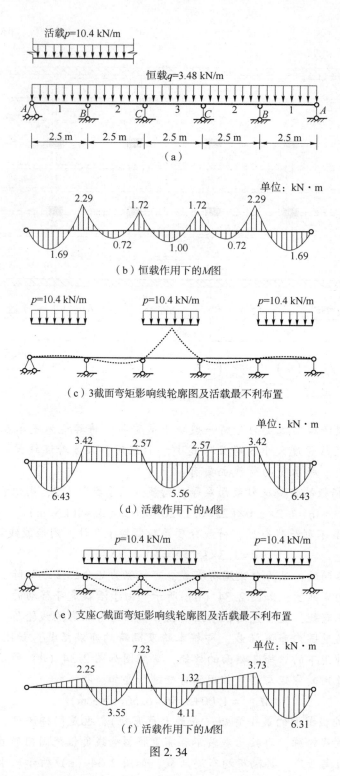

图 2.34

以上所述为连续梁在均布活载作用下最不利荷载位置的判断及最大（最小）内力的计算方法。类似情形在多层多跨刚架的内力计算中也经常遇到。

思考与讨论

1. 简述影响线上任一点的横坐标和纵坐标的物理意义。
2. 对比简支梁的弯矩影响线与弯矩图，讨论两者有何差异。
3. 为什么静定结构反力和内力影响线一定是由直线组成的图形？
4. 静定结构位移影响线是直线吗？
5. 某截面的剪力影响线在该截面处为什么有突变？左右两直线为什么互相平行？

 习题

2.1 试作如图 2.35 所示梁 F_{SC}、M_C 的影响线。

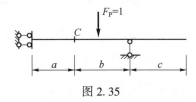

图 2.35

2.2 试作如图 2.36 所示梁 F_{Ay}、F_{SC} 的影响线。

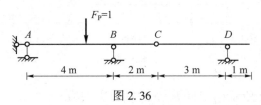

图 2.36

2.3 试作如图 2.37 所示多跨静定梁的 F_{Ay}、F_{SC}^L 的影响线 。

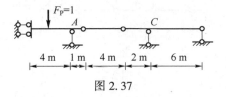

图 2.37

2.4 试作如图 2.38 所示梁的 F_{SK}、M_B 的影响线。

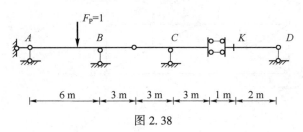

图 2.38

2.5 如图 2.39 所示，单位荷载在梁 DE 上移动，求梁 AB 中 F_{By}、M_C 的影响线。

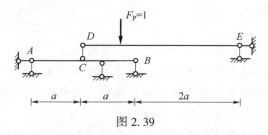

图 2.39

2.6 分别作出如图 2.40 所示结构主梁 A 截面剪力 F_{SA}^L、F_{SA}^R 的影响线。

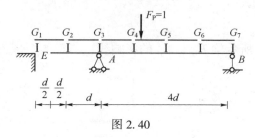

图 2.40

2.7 试作如图 2.41 所示桁架中杆 b 的内力影响线。

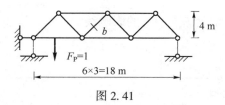

图 2.41

2.8 试作如图 2.42 所示桁架杆 b、c 的轴力影响线。

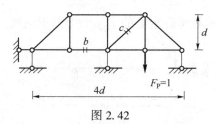

图 2.42

2.9 试作如图 2.43 所示桁架支座水平推力 H 及 1 杆件的轴力影响线。

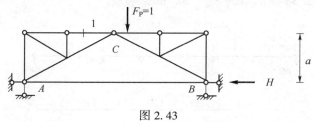

图 2.43

2.10 试作如图 2.44 所示梁 M_A、F_{SA} 的影响线，并利用影响线求给定荷载作用下 M_A、F_{SA} 的值。

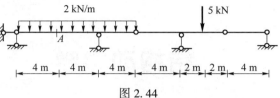

图 2.44

2.11 利用影响线求如图 2.45 所示荷载作用下的 F_{Ay}、M_C。

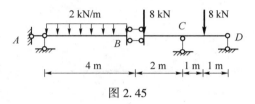

图 2.45

2.12 试求如图 2.46 所示多跨静定梁承受移动荷载时，支座 B 左截面剪力 F_{SB}^L 的最小值。

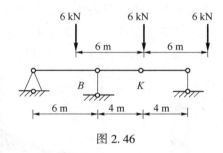

图 2.46

工程案例分析

1. 求如图 2.33（a）所示现浇楼盖板 1、2 截面最大正弯矩及支座 B 处板截面的最大负弯矩。

2. 某段高速公路高架桥，采用四跨等截面连续梁（32 m＋48 m＋48 m＋32 m）结构形式。自重按 250 kN/m 计，桥面二期荷载按 70.5 kN/m 计，荷载分项系数取 1.2。活载为如图 2.15（a）所示的公路桥涵设计通用规范的车道荷载，其中 F_k = 356 kN，q_k = 10.5 kN，荷载分项系数取 1.4。试绘制恒载及活载共同作用下的弯矩包络图及剪力包络图。

专题 3

结构动力学

教学资源

 引 言

　　1940 年 11 月 7 日，美国塔科马海峡大桥在通车仅 4 个月后由于风荷载的动力作用发生了严重的坍塌事故（见图 3.1），这就是当时震惊世界工程界的桥梁风致振动问题。这主要是由于当时人们对于悬索桥在风荷载作用下的空气动力学特性知之甚少。桥梁建成后，即使在风速不是很大的情况下也会产生波浪式振动，事故发生时振幅不断增大并伴随梁体的扭曲，最终使桥梁坍塌。该事故就是一个典型的结构动力学问题。

图 3.1

　　风荷载不同于我们在结构力学前面章节中学过的静力荷载，它是随时间变化的。我们常将这种大小、方向或作用位置随时间变化的荷载统称为动力荷载，简称动荷载。实际工程中的大多数结构除了承受静力荷载外，均会承受不同程度的动力荷载作用。又例如，图 3.2 所示的高速铁路桥梁结构，除了承受结构自重等静力荷载外，还会受到高速列车对桥梁结构的冲击荷载、水流对桥墩的冲刷作用、地震、风荷载等的作用。

　　动力荷载作用下，结构产生的位移和内力也是随时间变化的，因此结构在产生位移的

图 3.2

同时还会产生一定的速度和加速度。过大的动位移、动内力、速度和加速度等均可能引发结构的破坏，因此动力荷载对结构的振动影响是结构设计和分析中必须重点考虑的。本专题将重点讨论动力荷载作用下结构振动分析的一般理论和方法，即结构动力学的相关知识。结构动力学是结构力学课程在动力学领域的研究分支，不仅可以为结构的合理设计提供理论依据，而且在结构振动控制等领域具有重要的应用价值。

3.1 结构动力分析的特点

3.1.1 动力荷载与静力荷载的区别

严格来说，荷载大小、方向或作用位置随时间变化的荷载都属于动力荷载。但是如果从荷载对结构所产生的影响这个角度来看，则可分为以下两种情况。

一种情况是荷载的大小、方向或作用位置虽然随时间变化，但是变化很缓慢，缓慢到不会致使结构产生显著的加速度，此时荷载对结构所产生的影响与静力荷载相比差别非常小。从工程实用的角度来说，为了简化计算，往往将该类荷载看作静力荷载。例如，在桥上观光旅游的人流荷载 [见图 3.3 (a)]，随时间变化非常缓慢，不致使结构产生显著的加速度，可视为静力荷载。

另一种情况是荷载的大小、方向或作用位置不仅随时间在变，而且变得很快，快到能够使结构产生显著的加速度，此时结构质量产生的惯性力则不容忽视，荷载对结构所产生的影响与静力荷载相比差别较大。在这种荷载作用下的结构分析应属于动力分析问题，此时的荷载应看作动力荷载。例如，进行结构构件吊装时 [见图 3.3 (b)]，如果起吊缓慢，则构件不会产生显著的加速度，构件自重可视为逐渐施加上去的静力荷载；反之，如果突然起吊，构件将会产生显著的加速度，构件的重量就应视为一个突加的动力荷载。

由此可见，结构设计或分析时，是否将荷载按动力荷载来考虑，不能仅仅按荷载是否随时间变化这一个标准来衡量，更主要的是考察其对结构所产生的影响。因此，动力荷载和静力荷载最本质的区别是看它能否使结构产生显著的加速度，这里的"显著"根据质量运动加速度所引起的惯性力与荷载相比是否可以忽略来衡量。

静力荷载

（a）

（b）

图 3.3

3.1.2　动力分析与静力分析的区别

静力分析研究的是静力荷载作用下的平衡问题，这时结构不会产生显著的加速度，因而无惯性力。而动力荷载作用下，由于结构会产生显著的加速度，质量运动加速度所引起的惯性力与荷载相比不可忽略，因此惯性力的影响成为动力分析中必须考虑的重要问题。所以，是否考虑惯性力的作用是结构动力分析区别于结构静力分析的基本特征。

尽管动力学问题不能直接采用静力平衡，但是根据达朗贝尔原理，在引入惯性力后，可认为结构处于瞬时的平衡，即结构在运动的每一时刻均处于动平衡状态，进而可将动力问题从形式上转化为静力平衡问题来处理。

另外，由于动力荷载是随时间变化的，因此由动力荷载引发的结构动位移、动内力、速度、加速度等均随时间变化，这是与静力荷载作用下结构具有确定解所不同的。动力荷载作用下的结构动位移、速度、加速度、动内力等统称为结构的动力响应。

在同一动力荷载作用下，不同结构的动力响应是不同的。例如地震发生时，位于同一受震区的建筑群，有些房屋建筑的破坏会比较严重，而有些房屋则只发生轻微破坏，如2008 年四川汶川大地震中屹立不倒的"小白楼"（见图 3.4）。可见动力荷载作用下结构的动力响应不仅与动力荷载的性质有关，还与结构本身的动力特性有非常密切的关系。因此结构动力学的研究内容将主要涉及结构内因和外因两方面的研究，即结构本身的动力特性研究及结构承受外部动力荷载时的动力响应研究。

图 3.4

3.2　动力荷载的分类

动力荷载常用符号 $F_P(t)$ 来表示，其中 t 为时间变量。根据动力荷载随时间的变化规律及其对结构的作用特点，可将其分为以下几类。

1. 简谐荷载

按正弦函数或余弦函数变化的周期荷载，称为简谐荷载。例如电梯匀速平稳运行时电梯曳引机对建筑结构产生的干扰力，如图 3.5（a）所示。简谐荷载的表达式可写为

$$F_P(t) = F_0 \sin(\theta t) \quad 或 \quad F_P(t) = F_0 \cos(\theta t) \tag{3.1}$$

式中，F_0 为简谐荷载的幅值，θ 为简谐荷载的振动频率。

2. 一般周期荷载

简谐荷载以外的其他形式的周期荷载，统称为一般周期荷载，如平稳情况下波浪对堤坝的动水压力、轮船螺旋桨产生的推力 [见图 3.5（b）] 等。

3. 冲击荷载

冲击荷载是一种非周期荷载，其特点是在很短的时间内，荷载值急剧增大或急剧减小。例如隧道爆破引起的冲击荷载，如图 3.5（c）所示，其中 F_0 为冲击荷载的最大值，t_0 为冲击荷载持续的时间。在冲击荷载中，还有一类特殊的荷载，如图 3.5（d）所示，荷载是突然施加到结构上，并且持续时间非常短（$\Delta t \to 0$），这类荷载称为<u>脉冲荷载</u>。当脉冲荷载的幅值为 $F_P = \dfrac{1}{\Delta t}$ 时，相当于在非常短的时间内施加了一个幅值近似无穷大的瞬时荷载（当 $\Delta t \to 0$ 时，$F_P \to \infty$），称该类脉冲荷载为<u>单位脉冲荷载</u>。

4. 随机荷载

随机荷载不仅随时间作复杂变化，而且由于不确定性因素的影响，荷载在不同的时间段也会呈现不同的波形，所以很难给出精确的数学函数来描述荷载随时间的变化。这类荷载在未来任一时刻的数值都是不确定的，因而又称为非确定性荷载，如自然界的风荷载、地震作用。图 3.5（e）为风荷载作用时某时间段风速随时间的变化曲线，图 3.5（f）为地震作用的某时间段地面加速度随时间的变化曲线。

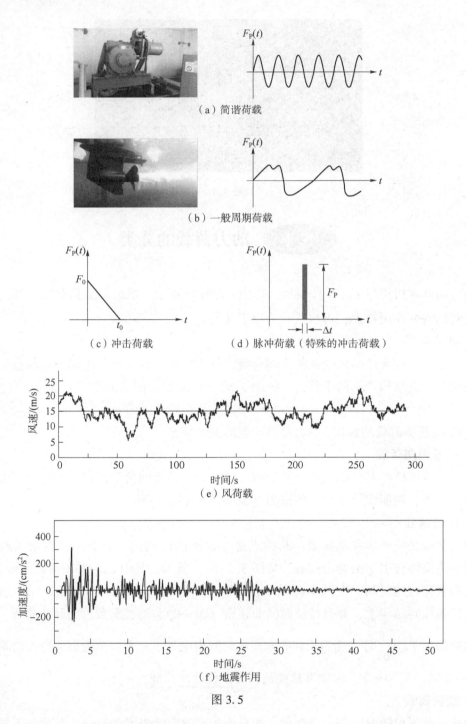

（a）简谐荷载

（b）一般周期荷载

（c）冲击荷载

（d）脉冲荷载（特殊的冲击荷载）

（e）风荷载

（f）地震作用

图 3.5

　　结构在确定性荷载作用下的动力分析通常称为结构振动分析。结构在随机荷载作用下的动力分析，称为结构的随机振动分析。本书仅介绍确定性荷载作用下的结构振动问题，关于在随机荷载作用下结构的随机振动问题，可参考有关书籍。

3.3 体系的动力自由度

与静力计算一样，动力计算时也需要首先选取一个合理的计算简图，其原则与静力计算中基本相同。但是，由于动力分析需要考虑惯性力的作用，并且惯性力是随运动体系的质量而分布的，因此在动力分析计算简图中，多了一项关于体系质量分布及其运动方向的处理问题。将确定体系在运动过程中任一时刻全部质量的位置所需的独立几何参数的数目称为该体系的动力自由度，以下简称自由度。这里的动力自由度与大家在体系几何组成分析中用到的自由度概念既有相同点又有不同点。相同的是，它们都表明体系运动形式的独立参数的个数；不同的是，几何组成分析中讨论的是刚体体系的运动自由度，而这里讨论的是变形体体系中质量的运动自由度。

对于实际结构，其质量均为连续分布，如图 3.6 中所示的梁、柱、楼板等结构构件，因此任何一个实际结构都可以说具有无限多个自由度。

图 3.6

如果所有结构都按无限自由度去计算，不仅动力分析会变得很复杂，而且也没有必要，因此常常针对某些具体问题，采用一定的简化措施。常用的简化方法有 3 种：集中质量法、广义坐标法、有限元法。本书只讨论集中质量法，需要了解其他方法的读者，可参阅有关书籍。

集中质量法，顾名思义，就是将连续分布的质量简化为若干个集中质量，这样就可以将一个本来是无限自由度的问题简化成有限自由度的问题。例如图 3.7（a）所示的简支梁，若梁体单位长度的质量用 $\bar{m}$ 来表示，则每个小微段 $\mathrm{d}x$ 均具有质量 $\bar{m}\mathrm{d}x$，此时无限自由度体系可简化为有限的 N 个自由度的体系，如图 3.7（b）所示。根据计算精度的要求，可选用不同的自由度数 N。因此，集中质量法的明确定义为：将体系连续分布的质量按一定的规则集中到体系的某个或某些位置上，使其余位置上不再存在质量的一种近似处理方法。

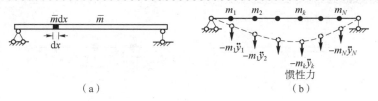

（a）   （b）

图 3.7

　　集中质量法是一种简化结构动力计算的方法，它主要适用于大部分质量集中在若干离散点上的结构。例如图 3.8（a）所示的 3 层房屋框架结构，若不考虑杆件的轴向变形，由于楼面的刚度和质量较大，在做动力分析时常假设横梁是无限刚性的，此时每个横梁上各点的水平位移可认为彼此相等，因而横梁上的分布质量可用一个集中质量来代替。同时，也将柱子的分布质量简化为作用于上下横梁处的集中质量，因此将刚架全部质量都集中到柱两端的横梁上，采用如图 3.8（b）所示的计算简图，在不考虑杆件轴向变形时该体系只有 3 个动力自由度。

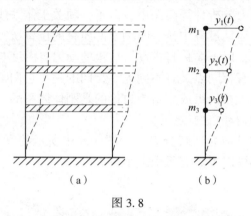

图 3.8

　　另外还有一些情况，那就是弹性杆的质量与其他质量相比较小的情况。如图 3.9（a）所示，简支梁在跨中固定着一个有质量的刚性重物（设物体质量为 m）。当梁本身的分布质量远小于梁上附加的质量块的质量时，动力分析时可不计梁本身的质量而取如图 3.9（b）所示的计算简图，其中重物被简化为集中质量 m。因受弯杆件的轴向刚度一般远大于其侧向刚度，刚性质量因杆件轴向变形引起的位置变化及相应的惯性力很小，一般可以忽略。另外，当刚性质量的几何尺寸与梁跨度相比较小时，则又可忽略其因转动引起的惯性力矩，即将其视为一个质点，不考虑质量的转动。此时仅通过质量的竖向位移 $y(t)$ 这一个参数即可确定其位置，故其自由度等于 1，如图 3.9（b）所示。具有一个自由度的体系称为单自由度体系。

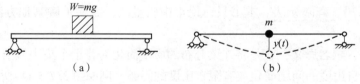

图 3.9

　　若图 3.9（a）所示简支梁上固定着 3 个较大的刚体质量，如图 3.10（a）所示，则其计算简图如图 3.10（b）所示。容易看出，该体系的自由度为 3。凡具有两个或两个以上且为有限数目自由度的体系称为多自由度体系。

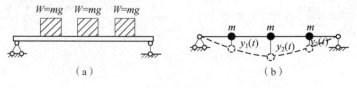

图 3.10

需要注意的是：在确定体系自由度时，不能根据体系有几个集中质量就判定它有几个自由度，而应该由确定质量位置所需的独立几何参数的数目来判定。例如图 3.11 所示体系，抗弯刚度 $EI_1 \to \infty$ 的杆件上附有 3 个集中质量，容易看出它们的位置只需一个几何参数（如杆件的转角 α）便能确定，故其自由度为 1。

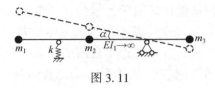

图 3.11

对于受弯杆件，若无特殊说明，均假设受弯直杆忽略轴向变形、任意两点间距离保持不变。当确定其自由度时，一般可通过直接观察来确定体系的自由度。

【例 3.1】 确定图 3.12 所示 3 种平面体系的自由度，弹性杆的质量忽略不计，且不考虑杆件的轴向变形，除指定杆外，其余杆的 EI 均为常数。

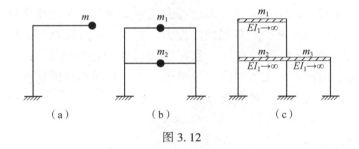

图 3.12

解： 由于不计杆件的轴向变形，当弹性杆发生弯曲变形时，体系杆件上的质量将随之发生偏离其静平衡位置的振动。

对于图 3.12（a）所示的体系，确定质量 m 的位置需要水平位移和竖向位移两个独立的几何参数，因此该体系的自由度为 2。

对于图 3.12（b）所示的体系，确定质量 m_1 的位置需要水平位移和竖向位移两个独立的几何参数，确定质量 m_2 的位置也需要水平位移和竖向位移两个独立的几何参数，且这 4 个参数保持独立，因此该体系的自由度为 4。

对于图 3.12（c）所示的体系，由于水平杆件的抗弯刚度 $EI_1 \to \infty$，因此确定质量 m_1 的位置只需要一个水平位移即可；质量 m_2 和质量 m_3 下方支撑杆的高度相同，它们只能发生相同的水平位移，故确定它们的位置也仅需要一个水平位移即可。所以该体系的自由度为 2。

通过以上分析，可以发现：
（1）体系自由度并不完全取决于该体系上的集中质量数目。
（2）体系自由度与该体系是静定结构还是超静定结构无关。

3.4 单自由度体系运动方程的建立

结构动力分析的主要研究内容之一为求解出结构的动力响应，进而发现结构的位移、速度、加速度、内力等随时间的变化规律。以时间参数为自变量，用来描述体系质量运动规律的数学方程，称为体系的运动方程。运动方程的解能够揭示结构在各自由度方向的位移随时间变化的过程及规律，因此建立体系运动方程是整个动力分析过程中最重要的一环。

单自由度体系的动力分析虽然比较简单，但是它是多自由度体系动力分析的基础，对于理解和掌握结构动力学的基本概念、基本原理和基本方法具有非常重要的作用。因此，本节将从单自由度体系开始分析，首先讨论单自由度体系运动方程的建立。

根据所依据的基本原理的不同，建立体系运动方程常用的方法主要有动静法、虚功法、变分法、能量法。本节将重点阐述如何利用动静法建立体系的运动方程，需要了解其他方法的读者，可参阅有关书籍。

3.4.1 动静法

根据达朗贝尔原理，在质点或质点系运动的任意瞬时，除了考虑实际作用于质点上的主动力和约束反力外，如果再引入假想的惯性力，则在该瞬时质点将处于假想的动力平衡状态。例如图 3.13 中质量为 m 的小球，若在摆动过程的任一时刻均保持动力平衡状态，则需要假想一个力，与拉力和重力共同组成平衡力系，此即小球的惯性力，其大小等于质量与加速度的乘积，方向与加速度方向相反。

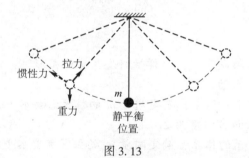

惯性力　拉力

重力

m

静平衡
位置

图 3.13

因此，应用达朗贝尔原理，通过引入惯性力就能将动力学问题从形式上转化为任一时刻的静力学问题，进而利用静力学的理论和方法来求解动力学问题，这种方法称为动静法，又称为直接平衡法。

以如图 3.14（a）所示的悬臂梁为例，梁端有一集中质量 m，且梁体本身的质量与集中质量 m 相比可忽略。由于质量 m 只能发生水平方向的位移，因此该体系为单自由度体系。假设某外界干扰使质量 m 离开了其静平衡位置，干扰消失后，由于立柱弹性力的影响，质量 m 则会绕其静平衡位置发生左右往复的运动。

将质量 m 的水平位移记为 $y(t)$，并设向右的方向为正。根据位移、速度和加速度的微分关系可知，该质量运动过程中的速度和加速度可分别表示为 $\dot{y}(t)$ 和 $\ddot{y}(t)$，假设与位移 $y(t)$ 方向一致时为正。在任一时刻，质量均处于动平衡状态，取质量 m 为隔离体，观察其受力情况。运动过程中，质量 m 会受到以下几种力的作用：

（1）惯性力：通常记为 $F_{\mathrm{I}}(t)$，大小等于质量 m 与其加速度 $\ddot{y}(t)$ 的乘积，而其方向与加速度方向相反，即 $F_{\mathrm{I}}(t) = -m\ddot{y}(t)$。

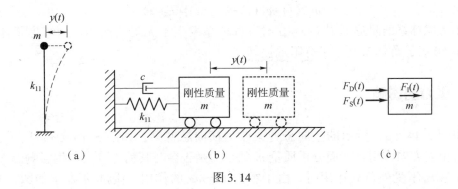

图 3.14

（2）<u>弹性恢复力</u>：弹性立柱对质量 m 所提供的弹性力，由于该弹性力始终有将质量 m 拉回到静平衡位置的趋势，故称为弹性恢复力，记为 $F_S(t)$，其方向与位移 $y(t)$ 的方向始终相反。若将立柱的柱顶抗侧移刚度记为 k_{11}，则 k_{11} 的物理意义为<u>使柱顶发生沿自由度方向的单位位移时需要沿该自由度方向施加的力</u>。因此，质量 m 受到的弹性恢复力为：$F_S(t) = -k_{11}y(t)$。在结构的动力分析模型中，常将弹性恢复力简化为图 3.14（b）所示的弹簧作用，并使弹簧的刚度系数与立柱的刚度系数 k_{11} 相等。

（3）<u>阻尼力</u>：根据生活常识可知，随着时间的不断推移，质量 m 的运动位移会越来越小，直至最后衰减为零。而使其产生这种衰减的原因主要是实际结构在运动过程中会受到各种阻力的作用。阻力主要分为两种：一种是外部介质的阻力，如空气或液体的阻力、支承的摩擦等；另一种则来源于结构内部的作用，如材料分子之间的摩擦和黏着性等。这些力统称为阻尼力，记为 $F_D(t)$，对质量的运动起到阻碍作用。

由于内外阻尼的规律不同，且与各种建筑材料的性质有关，因而确切估计阻尼的作用是一个很复杂的问题。对此，人们提出过许多不同的建议，为使计算较简单，<u>通常近似认为振动中结构所受的阻尼力与其振动速度成正比</u>，称为黏滞阻尼力，即 $F_D(t) = -c\dot{y}(t) = -c\dot{y}_d(t)$，其中 c 称为黏滞阻尼系数，负号表示阻尼力的方向恒与速度的方向相反。在结构动力分析模型中，常将阻尼力通过图 3.14（b）所示的阻尼器元件来表示，并将该阻尼器元件的阻尼系数设为 c。

假设所有力的正方向均与位移正向一致，做出质量 m 的隔离体受力分析如图 3.14（c）所示。在这些力的共同作用下，质量 m 处于动平衡状态，可列出对应的动平衡方程：

$$F_I(t) + F_D(t) + F_S(t) = 0 \tag{3.2}$$

代入各个力的具体表达式后可推得

$$m\ddot{y}(t) + c\dot{y}(t) + k_{11}y(t) = 0 \tag{3.3}$$

式（3.3）包含了质量 m 的动位移、速度、加速度，是关于位移 $y(t)$ 的二阶常系数微分方程。<u>由于该式以时间参数为自变量，能够用来描述体系质量的运动规律，因此该式即为该体系的运动方程</u>。当体系在振动过程中不受任何外部动力荷载的干扰时，此时体系所发生的振动称为<u>自由振动</u>，自由振动的运动方程为式（3.3）。

如果振动过程中，质量 m 始终受到外荷载 $F_P(t)$ 的作用，此时体系所发生的振动称为受迫振动。基于动静法则可推得受迫振动时体系运动方程的形式为

$$m\ddot{y}(t) + c\dot{y}(t) + k_{11}y(t) = F_{\mathrm{P}}(t) \tag{3.4}$$

当不考虑体系的阻尼即 $F_{\mathrm{D}}(t) = 0$ 时，称体系发生了<u>无阻尼振动</u>。当考虑了体系阻尼即 $F_{\mathrm{D}}(t) \neq 0$ 时，称体系发生了<u>有阻尼振动</u>。

3.4.2　重力的影响

若将图 3.14（a）所示的竖向悬臂梁改为横向悬臂梁，如图 3.15（a）所示，此时，重力沿自由度方向作用，下面分析质量 m 的重力是否会对其动力响应产生影响。

当质量 m 不受外荷载作用时，由于重力 $W = mg$ 的作用，质量 m 处于如图 3.15（a）、图 3.15（b）所示的静平衡位置，此时质量 m 发生的静位移记为 Δ_{st}。在外部动力荷载 $F_{\mathrm{P}}(t)$ 的干扰下，质量 m 将产生以静平衡位置为起点的振动，设其动位移为 $y_{\mathrm{d}}(t)$（下标 d 表示动位移），则质量 m 在振动过程中的总位移可记为 $y(t) = \Delta_{\mathrm{st}} + y_{\mathrm{d}}(t)$，设向下为正方向。

根据达朗贝尔原理，引入惯性力后，结构在运动过程的每一瞬时均处于动平衡状态。取质量 m 为研究对象，对其进行受力分析。在振动的任一瞬时，作用在质量 m 上的力除了外荷载 $F_{\mathrm{P}}(t)$ 和重力 $W = mg$ 外，还会受到惯性力、弹性杆对质量 m 所提供的弹性恢复力及阻尼力，作出隔离体受力分析如图 3.15（c）所示。根据达朗贝尔原理，列出质量 m 的动力平衡方程为

$$F_{\mathrm{I}}(t) + F_{\mathrm{D}}(t) + F_{\mathrm{S}}(t) + F_{\mathrm{P}}(t) + W = 0 \tag{3.5}$$

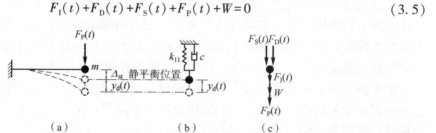

图 3.15

将惯性力 $F_{\mathrm{I}}(t) = -m\ddot{y}(t) = -m\ddot{y}_{\mathrm{d}}(t)$、弹性恢复力 $F_{\mathrm{S}}(t) = -k_{11}y(t) = -k_{11}[\Delta_{\mathrm{st}} + y_{\mathrm{d}}(t)]$、阻尼力 $F_{\mathrm{D}}(t) = -c\dot{y}(t) = -c\dot{y}_{\mathrm{d}}(t)$ 代入式（3.5）可得

$$m\ddot{y}_{\mathrm{d}}(t) + c\dot{y}_{\mathrm{d}}(t) + k_{11}[\Delta_{\mathrm{st}} + y_{\mathrm{d}}(t)] = F_{\mathrm{P}}(t) + W \tag{3.6}$$

由于 Δ_{st} 是由质量 m 的重力产生的静位移，因此 $W = k_{11}\Delta_{\mathrm{st}}$，则式（3.6）还可化简为

$$m\ddot{y}_{\mathrm{d}}(t) + c\dot{y}_{\mathrm{d}}(t) + k_{11}y_{\mathrm{d}}(t) = F_{\mathrm{P}}(t) \tag{3.7}$$

对比式（3.4）和式（3.7）可以发现，若以集中质量的静平衡位置作为计算位移的起点，则所建立的体系运动方程与重力无关，因此<u>重力只对结构的初始静位移产生影响，对结构的动位移无影响</u>。因此在今后的讨论中，位移均以静平衡位置作为起始点，求解结构动位移时不必再考虑重力的影响。

为书写方便，将式（3.7）中的动位移下标"d"略去，统一用 $y(t)$ 表示结构的位移。同时为简化书写，位移、速度和加速度的自变量 t 常省略不写，因此单自由度体系的运动方程常记为

$$m\ddot{y} + c\dot{y} + k_{11}y = F_{\mathrm{P}}(t) \tag{3.8}$$

3.4.3 刚度法和柔度法

【例 3.2】 建立图 3.16（a）所示刚架体系的运动方程，各杆 EI 为常数，不考虑杆件的轴向变形，不计弹性杆的质量，设所有的质量 m 集中在横梁处。

解： 由于横梁刚度趋于无穷大，且柱子无轴向变形，此时各柱顶端的水平侧移相同，因此该体系振动时只有横梁处集中质量 m 的水平位移这 1 个自由度，记为 $y(t)$，假设其方向以水平向右为正，如图 3.16（a）所示。

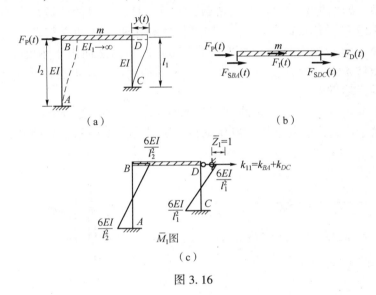

（a）　　　　　　　　　　（b）

（c）

图 3.16

基于动静法，取质量 m 为隔离体，作出其受力分析如图 3.16（b）所示，利用力的平衡条件列出其动平衡方程为

$$F_I(t) + F_D(t) + F_{SBA}(t) + F_{SDC}(t) + F_P(t) = 0$$

式中，惯性力 $F_I(t) = -m\ddot{y}$，阻尼力 $F_D(t) = -c\dot{y}$，弹性恢复力 $F_{SBA}(t) = -k_{BA}y$、$F_{SDC}(t) = -k_{DC}y$，其中 k_{BA} 和 k_{DC} 分别为竖柱 BA、DC 的柱顶侧移刚度系数，即柱子一端产生单位水平位移时的柱端剪力，由力的平衡可知 $F_{SBA}(t) + F_{SDC}(t)$ 为质量 m 受到的总弹性恢复力 $F_S(t)$，则体系刚度系数 $k_{11} = k_{BA} + k_{DC}$。

柱顶侧移刚度系数 k_{BA} 和 k_{DC} 可根据位移法中求解系数项的思路进行：首先用附加链杆限制柱顶水平位移，然后放松链杆约束使柱顶发生单位水平位移，作出此时的单位弯矩图 $\overline{M}_1$ [见图 3.16（c）]。根据柱端剪力可分别求出 $k_{BA} = \dfrac{12EI}{l_2^3}$ 和 $k_{DC} = \dfrac{12EI}{l_1^3}$，因此可求得 $k_{11} = \dfrac{12EI}{l_1^3} + \dfrac{12EI}{l_2^3}$。

代入各物理量的具体表达式可得该体系的运动方程为

$$m\ddot{y} + c\dot{y} + \left(\frac{12EI}{l_1^3} + \frac{12EI}{l_2^3}\right)y = F_P(t)$$

式中，$k_{11} = \dfrac{12EI}{l_1^3} + \dfrac{12EI}{l_2^3}$，为该体系的刚度系数。

将该例体系的运动方程式与式（3.8）进行比较，发现尽管单自由度体系的结构形式不同，但是其运动方程具有一致的表达形式，因此式（3.8）就是单自由度体系运动方程的一般形式。

基于以上分析，可归纳出建立体系运动方程的思路如下：应用达朗贝尔原理，通过引入惯性力从力系平衡的角度建立体系的运动方程。由于该方法引用了体系的刚度系数，因此这种建立体系运动方程的推导方法又称为刚度法。刚度法是动静法中最直接也是最常用的一种方法，常用于刚度系数比较容易求解的刚架式结构。

然而，对于大多数梁式结构，体系的刚度系数不容易直接求解。例如图 3.17（a）所示的简支梁体系，跨度为 l，杆件 EI 为常数，不计弹性杆本身的质量。在梁跨中有一集中质量 m，其上作用有一集中荷载 $F_P(t)$。如果仍然利用刚度法建立其动平衡方程，需取质量 m 为隔离体对其进行受力分析，如图 3.17（b）所示。然而由于刚度系数不容易确定，左杆和右杆对质量 m 的弹性恢复力 F_{S1} 和 F_{S2} 也不容易确定。能否避开弹性恢复力从另外的角度推导体系的运动方程呢？

显然，如果取包含集中质量 m 的整个体系为隔离体进行受力分析，弹性杆对质量 m 的弹性恢复力属于内力，引起该体系发生动位移的外力主要包括：外荷载、惯性力、阻尼力，如图 3.17（c）所示。

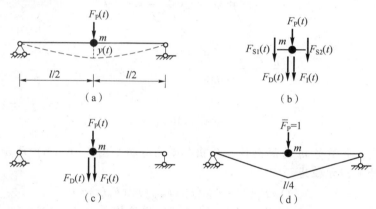

图 3.17

根据动静法，引入惯性力后，体系在任一时刻的动力问题均可看成静力学问题来处理。因此体系不仅在力系上是平衡的，而且在位移上也是协调的。若设所有位移均以向下为正，则质量 m 的位移应该是所有外力对其引起的位移的叠加，即

$$y(t) = y_{1P}(t) + \delta_{11}[F_I(t) + F_D(t)] \tag{3.9}$$

其中，$y_{1P}(t)$ 为动荷载 $F_P(t)$ 作用下质量 m 沿自由度方向的位移；δ_{11} 为体系的柔度系数，指在质量 m 位置处沿自由度方向作用一单位荷载时使体系在该位置处沿自由度方向发生的位移。

$y_{1P}(t)$ 和 δ_{11} 均可根据静定结构的位移计算进行求解。作出单位荷载作用下的结构弯矩图 [见图 3.17（d）]，进而可求得

$$\delta_{11} = \frac{2}{EI}\left(\frac{1}{2} \times \frac{l}{4} \times \frac{l}{2} \times \frac{2}{3} \times \frac{l}{4}\right) = \frac{l^3}{48EI}$$

$$y_{1P}(t) = \delta_{11}F_P(t) = \frac{l^3}{48EI}F_P(t)$$

同时将惯性力 $F_I(t) = -m\ddot{y}$ 和阻尼力 $F_D(t) = -c\dot{y}$ 代入式（3.9）可得该体系的运动方程为

$$m\ddot{y} + c\dot{y} + \frac{48EI}{l^3}y = F_P(t) \qquad (3.10)$$

归纳该梁式体系运动方程建立的过程可知，~~它仍然是应用达朗贝尔原理，通过引入惯性力，但却从位移协调的角度建立的体系运动方程。由于该方法引用了体系的柔度系数，因此这种建立体系运动方程的推导方法又称为柔度法。~~柔度法也是动静法中的一种常用方法，常用于柔度系数比较容易确定而刚度系数不容易确定的结构。

比较式（3.8）和式（3.10）可发现，尽管采用的推导方法不同，但是最终得到的运动方程形式是一致的，因此刚度法和柔度法是相通的。并且还可看出，在单自由度体系中，~~柔度系数和刚度系数互为倒数~~，即 $k_{11} = \dfrac{1}{\delta_{11}}$。

3.4.4　拓展举例

以上例子均为外荷载直接作用在质点上的情况，而实际工程中，很多情况下外荷载并不直接作用在质点上。此时，运动方程如何建立？方程的形式会发生何种变化？

1. 体系受均布动荷载情况

【例3.3】如图 3.18（a）所示的简支梁，承受随时间变化的均布荷载 $q(t)$，跨度为 l，EI 为常数，在梁跨中有一集中质量 m，不计弹性杆本身的质量，建立该体系的运动方程。

解：该体系为单自由度体系，即质点 m 竖直方向的位移为 $y(t)$，设位移向下为正，如图 3.18（a）所示。

由于是梁式体系，采用柔度法建立运动方程。取简支梁整个体系为研究对象，作出其受到的所有外力，如图 3.18（b）所示，列出质点 m 的位移协调条件式为

$$y(t) = y_{1P}(t) + \delta_{11}[F_I(t) + F_D(t)]$$

其中 $y_{1P}(t)$ 和 δ_{11} 的物理意义同上，具体数值可根据单位荷载法求得：作出结构在单位荷载作用下的单位弯矩图（$\bar{M}_1$ 图）[见图 3.18（c）] 及外荷载作用下的弯矩图（M_P 图）[见图 3.18（d）]，通过积分运算或图乘法可得

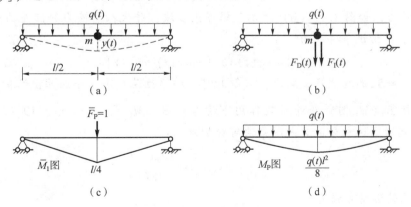

图 3.18

$$\delta_{11} = \frac{2}{EI}\left(\frac{1}{2}\times\frac{l}{4}\times\frac{l}{2}\times\frac{2}{3}\times\frac{l}{4}\right) = \frac{l^3}{48EI}$$

$$y_{1P}(t) = \frac{2}{EI}\left(\frac{2}{3}\times\frac{q(t)l^2}{8}\times\frac{l}{2}\times\frac{5}{8}\times\frac{l}{4}\right) = \frac{5q(t)l^4}{384EI}$$

进一步，将惯性力 $F_I(t)=-m\ddot{y}$ 和阻尼力 $F_D(t)=-c\dot{y}$ 同时代入位移协调式可得该体系的运动方程为

$$m\ddot{y} + c\dot{y} + \frac{48EI}{l^3}y = \frac{5l}{8}q(t)$$

可以看出，运动方程的形式仍然与一般形式（3.8）相一致，所不同的是方程右端的荷载项，这是由体系受到的外荷载形式所决定的。

2. 体系受不作用在质点上的集中荷载情况

【例3.4】如图3.19（a）所示的简支梁，EI 为常数，不计弹性杆本身的质量，集中质量 m 位于截面1处，动力荷载作用于截面2处，试建立该体系的运动方程。

解：该体系仍然为单自由度体系，设质点 m 竖直方向的位移为 $y(t)$，方向向下为正，如图3.19（a）所示。与图3.17中所示外荷载不同的是，此处外荷载 $F_P(t)$ 并没有直接作用在质量 m 上，而是作用在体系的2截面位置处。

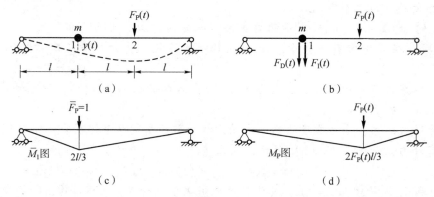

图 3.19

由于是梁式体系，采用柔度法建立运动方程。取简支梁整个体系为研究对象，作出其受到的所有外力，如图3.19（b）所示。根据柔度法，并代入惯性力和阻尼力的表达式可得质点 m 的位移协调条件式为

$$y(t) = y_{1P}(t) + \delta_{11}\left[-m\ddot{y}(t) - c\dot{y}(t)\right]$$

其中 $y_{1P}(t)$ 和 δ_{11} 的物理意义同上，求解时可根据单位荷载法，分别作出结构在单位荷载作用下的弯矩图（$\bar{M}_1$ 图）及外荷载作用下的弯矩图（M_P 图），如图3.19（c）、图3.19（d）所示，然后通过积分运算或图乘法可分别求出：

$$\delta_{11} = \frac{4l^3}{9EI}, \quad y_{1P}(t) = \frac{7F_P(t)l^3}{18EI}$$

因此，该体系的运动方程为

$$m\ddot{y} + c\dot{y} + \frac{9EI}{4l^3}y = \frac{7}{8}F_{\mathrm{P}}(t)$$

将上式与式（3.8）进行对比可发现，当动力荷载不直接作用在质量上时，运动方程右端项不能直接等于外荷载 $F_{\mathrm{P}}(t)$。

为探究方程右端项的物理意义，将式（3.9）两边同时除以 δ_{11} 并将惯性力和阻尼力的表达式代入可得

$$m\ddot{y} + c\dot{y} + \frac{1}{\delta_{11}}y = \frac{y_{1\mathrm{P}}(t)}{\delta_{11}} \tag{3.11}$$

由于 $y_{1\mathrm{P}}(t)$ 为动荷载 $F_{\mathrm{P}}(t)$ 作用下质量 m 沿自由度方向的位移，因此可进一步写为 $y_{1\mathrm{P}}(t) = \delta_{12}F_{\mathrm{P}}(t)$，其中 δ_{12} 为体系的柔度系数，指在截面 2 的位置处沿自由度方向作用一单位荷载时使得截面 1 沿自由度方向发生的位移。因此式（3.11）可进一步化为

$$m\ddot{y} + c\dot{y} + \frac{1}{\delta_{11}}y = \frac{\delta_{12}}{\delta_{11}}F_{\mathrm{P}}(t) \tag{3.12}$$

比较式（3.12）和式（3.8）可发现，当动荷载不直接作用在质量上时，由实际动荷载 $F_{\mathrm{P}}(t)$ 引起的质量位移与 $\frac{\delta_{12}}{\delta_{11}}F_{\mathrm{P}}(t)$ 直接作用在质量上时产生的位移是完全相等的，因此常将式（3.12）的右端项 $\frac{\delta_{12}}{\delta_{11}}F_{\mathrm{P}}(t)$ 称为等效动荷载，记为 $F_{\mathrm{E}}(t)$。请注意，此处"等效"的内涵为位移的等效，而不是力的等效。

因此，单自由度体系运动方程的一般形式还可以写为

$$m\ddot{y} + c\dot{y} + k_{11}y = F_{\mathrm{E}}(t) \tag{3.13}$$

3.5　单自由度体系的自由振动

3.5.1　自由振动的概念和初始条件

自由振动，即体系振动过程中不受任何外部动力荷载干扰时的一种振动形式。大家比较熟悉的自由振动例子有图 3.20 所示的质量-弹簧系统。先通过外部干扰使质量 m 远离其原有的静平衡位置，然后突然将外部干扰撤去，质量将在其原有平衡位置附近作往复振动，干扰撤去后质量 m 发生的则为自由振动，其运动方程为：$m\ddot{y} + c\dot{y} + k_{11}y = 0$。可以看出，尽管体系在整个自由振动过程中不受外荷载的激扰，但是自由振动是需要一定的初始条件的，即由于外部激扰的作用，使体系在 $t = 0$ 时刻获得了一定的初始位移、初始速度或者同时获得了初始位移和初始速度。

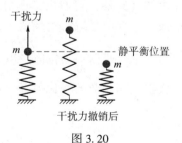

图 3.20

之所以要研究体系的自由振动，主要有以下两大原因：

第一，为获得体系在振动过程中的动力响应（动位移、动内力、速度、加速度等），需要求解其运动方程 $m\ddot{y}+c\dot{y}+k_{11}y=F_P(t)$。显然，体系运动方程是一个二阶常系数线性微分方程，其解由通解和特解两部分构成：通解对应方程 $m\ddot{y}+c\dot{y}+k_{11}y=0$ 的解，此时相当于外荷载 $F_P(t)=0$，正好是结构的自由振动；而特解则是针对特定外荷载作用下的振动解，此时外荷载 $F_P(t)\neq0$，正好是结构的受迫振动。因此从求解结构动力响应的角度来看，应该首先研究体系的自由振动。

第二，由于自由振动过程中结构不受外荷载的激扰，因此自由振动的规律能够反映体系本身的动力特性。由于体系的动力响应不仅与外部动力荷载这一外因有关，还与体系本身的振动特性这一内因密切相关，因此分析结构自由振动的规律具有非常重要的意义，是结构动力学分析的基础。

下面将重点讨论单自由度体系的自由振动，并根据是否考虑体系的阻尼分为无阻尼自由振动（$c=0$）和有阻尼自由振动（$c\neq0$）两种情况。

3.5.2 无阻尼自由振动

单自由度无阻尼体系自由振动的运动方程为

$$m\ddot{y}+k_{11}y=0 \tag{3.14}$$

这是一个二阶常系数齐次线性微分方程，两边同时除以 m，并令

$$\omega=\sqrt{\frac{k_{11}}{m}} \tag{3.15}$$

则无阻尼自由振动的运动方程可进一步写为

$$\ddot{y}+\omega^2y=0 \tag{3.16}$$

该微分方程对应的特征方程为 $\lambda^2+\omega^2=0$，其根为 $\lambda=\pm\mathrm{i}\omega$，因此其通解的形式可写为

$$y(t)=A\sin\omega t+B\cos\omega t \tag{3.17}$$

式中，A、B 为待定常数，可由初始条件确定。

不妨设 $t=0$ 初始时刻，质量 m 同时获得了初位移 $y(0)=y_0$ 和初速度 $\dot{y}(0)=\dot{y}_0$。将该初始条件代入式（3.17）中可得 $A=\dfrac{\dot{y}_0}{\omega}$ 和 $B=y_0$，因此无阻尼单自由度体系自由振动的位移解为

$$y(t)=\frac{\dot{y}_0}{\omega}\sin\omega t+y_0\cos\omega t \tag{3.18}$$

由式（3.18）可看出，单自由度无阻尼体系自由振动的动位移由振动频率相同的两部分组成：一部分是以 y_0 为幅值、以 ω 为振动圆频率的余弦振动，它是由初位移 y_0 单独引起的；另一部分是以 $\dfrac{\dot{y}_0}{\omega}$ 为幅值、以 ω 为振动圆频率的正弦振动，它是由初速度 $\dot{y}_0$ 单独引起的。根据三角函数的变化关系，可以将式（3.18）进一步改写为

$$y(t)=\rho\sin(\omega t+\varphi) \tag{3.19}$$

式中，$\rho=\sqrt{\left(\dfrac{\dot{y}_0}{\omega}\right)^2+y_0^2}$，为自由振动的振幅；$\varphi=\arctan\dfrac{\omega y_0}{\dot{y}_0}$，为自由振动的初始相位角。

为了能更形象地观察结构的振动形式，常将结构动位移随时间的变化规律绘制在坐标系中。以振动时间 t 为横坐标，以每一时刻的结构动位移 $y(t)$ 为纵坐标，绘制而成的曲线称为位移时程曲线。单自由度无阻尼体系自由振动的位移时程曲线如图 3.21 所示，其中的粗实线代表自由振动的位移时程曲线，虚线和点划线分别代表式（3.18）中的余弦部分和正弦部分的位移时程曲线。

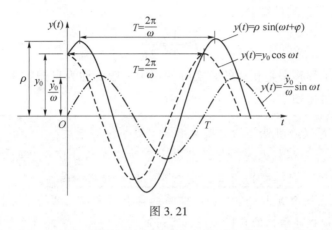

图 3.21

综上可知，单自由度无阻尼体系的自由振动是以 ω 为振动圆频率的简谐振动，初始条件只会影响振动的幅值和初始相位角的大小，而不会影响其振动频率。

3.5.3　结构的自振频率

结构自由振动时的振动圆频率称为结构的自振圆频率，表示单位时间内振动系统的相位变化的弧度数，单位为 rad/s。根据式（3.15）及刚度系数 k_{11} 和柔度系数 δ_{11} 之间的关系可得结构的自振圆频率的计算公式为

$$\omega = \sqrt{\frac{k_{11}}{m}} = \sqrt{\frac{1}{m\delta_{11}}} \tag{3.20}$$

若已知集中质量 m 的重量为 W（单位：kN），则 $m=\dfrac{W}{g}$（g 为重力加速度），将其代入式（3.20），可得

$$\omega = \sqrt{\frac{g}{W\delta_{11}}} \tag{3.21}$$

由于 δ_{11} 为柔度系数，因此式（3.21）中的 $W\delta_{11}$ 恰好为重量 W 作用下质量 m 沿自由度方向产生的静位移，记为 Δ_{st}，则结构的自振圆频率还可通过 $\omega = \sqrt{\dfrac{g}{\Delta_{st}}}$ 计算。综上所述，可得计算结构的自振圆频率的常用公式如下：

$$\omega = \sqrt{\frac{k_{11}}{m}} = \sqrt{\frac{1}{m\delta_{11}}} = \sqrt{\frac{g}{W\delta_{11}}} = \sqrt{\frac{g}{\Delta_{st}}} \tag{3.22}$$

根据自振圆频率不难计算出结构的自振周期：

$$T = \frac{2\pi}{\omega} \tag{3.23}$$

式中，T 为结构的自振周期，表示结构振动一个循环所需的时间，单位为 s。

自振周期的倒数即为工程频率，表示结构每秒钟的振动次数，单位为 s^{-1} 或 Hz（赫兹），用符号 f 来表示，其计算公式为

$$f = \frac{1}{T} = \frac{\omega}{2\pi} \tag{3.24}$$

自振圆频率和工程频率是相通的，实际使用中一般统称为自振频率。以下若无特殊说明，统称为结构的自振频率。

> 由上面的分析可以看出结构的自振频率具有以下重要性质：
> （1）自振频率与外荷载无关，与激发自由振动的初始位移和初始速度也无关，它仅与结构的质量和刚度（或柔度）有关，是结构本身所固有的属性。
> （2）在质量相同的情况下，单自由度体系的自振频率与刚度的平方根成正比，与柔度的平方根成反比。欲提高结构的自振频率，可采取增大结构刚度或减小结构柔度的方法。
> （3）在刚度相同的情况下，单自由度体系的自振频率与质量的平方根成反比。欲提高结构的自振频率，可采取减小结构质量的方法。

结构的自振频率是结构重要的动力特性之一，不论结构是否振动，结构的自振频率都是客观存在的，因此又常称之为结构的固有频率。两个外表相似的结构，如果自振频率相差很大，则其在外荷载作用下的动力性能也会相差很大，这也是相同的地震作用下有些结构破坏严重而有些结构破坏轻微的原因之一。因此计算结构的自振频率在工程中具有非常重要的意义。

【例 3.5】确定图 3.22（a）所示结构的自振频率，除横梁外，其余杆件长度为 l，EI 为常数，不计弹性杆本身的质量。

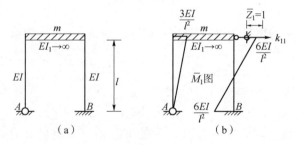

图 3.22

解：该体系为单自由度体系。可根据图 3.22（b）所示的 $\overline{M}_1$ 图求出其刚度系数：

$$k_{11} = \frac{12EI}{l^3} + \frac{3EI}{l^3} = \frac{15EI}{l^3}$$

因此，该体系的自振圆频率为

$$\omega = \sqrt{\frac{k_{11}}{m}} = \sqrt{\frac{15EI}{ml^3}} \quad (单位:rad/s)$$

进而得该体系的自振频率为

$$f = \frac{\omega}{2\pi} = \frac{1}{2\pi}\sqrt{\frac{15EI}{ml^3}} \quad (单位:Hz)$$

【例 3.6】 比较图 3.23（a）~图 3.23（c）所示不同约束情况下 3 种梁的自振频率。

解： 这 3 种体系均为单自由度体系，由于是梁式结构，故求解其柔度系数 δ_{11} 会简便一些。分别作出单位荷载沿自由度方向作用时的单位弯矩图，如图 3.23（d）~图 3.23（f）所示。通过单位荷载法可求出 3 种梁的柔度系数分别为

$$\delta_{11}^{(1)} = \frac{l^3}{48EI}, \quad \delta_{11}^{(2)} = \frac{7l^3}{768EI}, \quad \delta_{11}^{(3)} = \frac{l^3}{192EI}$$

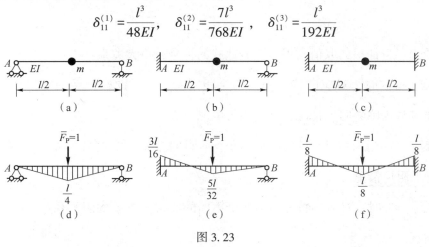

图 3.23

根据 $\omega = \sqrt{\dfrac{1}{m\delta_{11}}}$ 可求出 3 种不同约束情况下的结构自振圆频率分别为

$$\omega_1 = \sqrt{\frac{48EI}{ml^3}}, \quad \omega_2 = \sqrt{\frac{768EI}{7ml^3}}, \quad \omega_3 = \sqrt{\frac{192EI}{ml^3}}$$

进一步可得三者自振频率之比 $f_1 : f_2 : f_3 = \omega_1 : \omega_2 : \omega_3 = 1 : 1.51 : 2$。

例 3.6 进一步表明了结构的约束情况会影响结构的柔度系数，进而影响到结构的自振频率。因此往往可以通过定性分析来初步判定不同约束情况下结构自振频率的相对大小。例如图 3.23（c）所示的梁为两端固支，其杆端约束要大于另外两种梁，所以其柔度最小，刚度最大，因此其自振频率是最高的。而对于如图 3.23（a）所示的简支梁，其杆端约束最弱，所以其柔度最大，刚度最小，因此其自振频率是最低的。

3.5.4 有阻尼自由振动

由式（3.19）可知，单自由度无阻尼体系的自由振动是简谐振动，并且始终保持振动而不会衰减。然而实际情况表明，一个体系的振动若无外部的激励力去维持，它将很快衰减以致最后振动消失，这就说明结构实际振动过程中存在能量的消耗。能使体系的振动能量逐渐被消耗掉而使运动停止下来，这就是结构中的阻尼效应。本节将详细讨论单自由度体系存在阻尼时的自由振动位移解及振动形式的变化情况。

由式（3.8）可知单自由度有阻尼体系自由振动的运动方程为 $m\ddot{y}+c\dot{y}+k_{11}y=0$，其中 c 为体系的黏滞阻尼系数，简称阻尼系数。该方程仍然为一个二阶常系数齐次线性微分方程。两边同时除以 m，可得

$$\ddot{y}+\frac{c}{m}\dot{y}+\omega^2 y=0 \tag{3.25}$$

式中，$\omega=\sqrt{\dfrac{k_{11}}{m}}$ 为单自由度无阻尼体系的自振频率。

该微分方程的特征方程为 $\lambda^2+\dfrac{c}{m}\lambda+\omega^2=0$，可求解其特征根为

$$\lambda_{1,2}=-\frac{c}{2m}\pm\sqrt{\left(\frac{c}{2m}\right)^2-\omega^2} \tag{3.26}$$

可以看出，特征根的取值与根号下表达式的符号有很大关系：

（1）当 $\dfrac{c}{2m}=\omega$ 时，对应的特征根为两个相同的实根。此时体系的阻尼系数 $c=2m\omega$，工程中常将其称为临界阻尼情况，并记临界阻尼系数为 $c_{cr}=2m\omega$。

（2）当 $\dfrac{c}{2m}<\omega$ 时，对应的特征根为两个不同的复根。此时体系的阻尼系数 $c<c_{cr}=2m\omega$，称为低阻尼情况。

（3）当 $\dfrac{c}{2m}>\omega$ 时，对应的特征根为两个不同的实根。体系的阻尼系数 $c>c_{cr}=2m\omega$，称为超阻尼情况。

引入无量纲符号 ξ 表示体系的实际阻尼与临界阻尼的比值，即

$$\xi=\frac{c}{c_{cr}}=\frac{c}{2m\omega} \tag{3.27}$$

称 ξ 为体系的阻尼比，是表征结构阻尼效应的一个重要指标。

结构的阻尼系数又可用阻尼比表示为

$$c=2m\omega\xi \tag{3.28}$$

因此，临界阻尼情况、低阻尼情况、超阻尼可分别通过 $\xi=1$、$\xi<1$、$\xi>1$ 表示。下面将按这 3 种情况分别进行讨论。

1. $\xi=1$ 的临界阻尼情况

在临界阻尼情况下，运动微分方程式（3.21）的特征方程具有两个相等的实根，即 $\lambda_1=\lambda_2=-\omega$。因此，运动方程的通解可表示为

$$y(t)=(G_1+G_2 t)e^{-\omega t} \tag{3.29}$$

式中，G_1 和 G_2 为待定常数，由振动的初始条件确定。

设 $t=0$ 时刻，结构获得了初位移 $y(0)=y_0$ 和初速度 $\dot{y}(0)=\dot{y}_0$。将初始条件代入式（3.29）可得 $G_1=y_0$ 和 $G_2=\dot{y}_0+\omega y_0$，因此临界阻尼情况下的自由振动位移解为

$$y(t)=[y_0(1+\omega t)+\dot{y}_0 t]e^{-\omega t} \tag{3.30}$$

根据式（3.30）作出其位移时程曲线如图 3.24 所示。从该曲线可以看出，在临界阻尼情况下，质量从初始时刻的位移 y_0 开始运动，最终逐渐达到动位移为 0 的静平衡位置，

整个过程中没有发生绕平衡位置的往复振动。这是因为临界阻尼时的阻尼作用较大，体系受干扰后偏离平衡位置所积蓄的初始能量在恢复到平衡位置的过程中全部被阻尼作用消耗，没有多余的能量来引起振动了。显然，如果阻尼大于临界阻尼，结构更不会有振动发生。因此临界阻尼可理解为结构不发生绕平衡位置往复振动的最小阻尼。

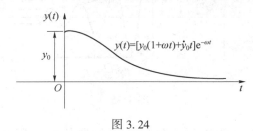

图 3.24

2. $\xi<1$ 的低阻尼情况

在低阻尼情况下，运动微分方程式（3.25）的特征根为

$$\lambda_{1,2}=-\frac{c}{2m}\pm\sqrt{\left(\frac{c}{2m}\right)^2-\omega^2} \tag{3.31}$$

将 $\xi=\dfrac{c}{2m\omega}$ 代入后可化简得

$$\lambda_{1,2}=-\xi\omega\pm\mathrm{i}\sqrt{\omega^2-(\xi\omega)^2}=-\xi\omega\pm\mathrm{i}\omega\sqrt{1-\xi^2} \tag{3.32}$$

若记

$$\omega_\mathrm{d}=\omega\sqrt{1-\xi^2} \tag{3.33}$$

则有

$$\lambda_{1,2}=-\xi\omega\pm\mathrm{i}\omega_\mathrm{d} \tag{3.34}$$

根据线性常微分方程解的形式可知，运动方程式（3.25）的通解可以表示为

$$y(t)=\mathrm{e}^{-\xi\omega t}(A\sin\omega_\mathrm{d}t+B\cos\omega_\mathrm{d}t) \tag{3.35}$$

式中，A、B 为待定常数，可由初始条件确定。

将 $t=0$ 时刻的初始条件 $y(0)=y_0$ 和 $\dot{y}(0)=\dot{y}_0$ 代入式（3.35）可得：$A=\dfrac{\dot{y}_0+\xi\omega y_0}{\omega_\mathrm{d}}$，$B=y_0$，因此单自由度有阻尼体系的自由振动位移解为

$$y(t)=\mathrm{e}^{-\xi\omega t}\left(\frac{\dot{y}_0+y_0\xi\omega}{\omega_\mathrm{d}}\sin\omega_\mathrm{d}t+y_0\cos\omega_\mathrm{d}t\right) \tag{3.36}$$

根据三角函数的变化关系，式（3.36）又可进一步写为

$$y(t)=\rho\mathrm{e}^{-\xi\omega t}\sin(\omega_\mathrm{d}t+\varphi) \tag{3.37}$$

式中，$\rho=\sqrt{y_0^2+\left(\dfrac{\dot{y}_0+y_0\xi\omega}{\omega_\mathrm{d}}\right)^2}$ 为有阻尼自由振动的振幅；$\varphi=\arctan\left(\dfrac{\omega_\mathrm{d}y_0}{\dot{y}_0+y_0\xi\omega}\right)$ 为有阻尼自由振动的初始相位角。

根据位移解表达式（3.36）和式（3.37）可作出其位移时程曲线如图 3.25 所示，可明显看出有阻尼自由振动的振动频率为 ω_d，其振幅 $\rho\mathrm{e}^{-\xi\omega t}$ 随时间呈指数衰减，如果反应时间足够长，则体系振动最终会衰减到零。阻尼比越大，振幅衰减越快。这与无阻尼自由振

动（见图 3.21）是有较大区别的。

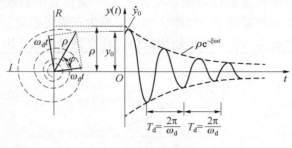

图 3.25

对于一般的土木工程结构来说，阻尼比 ξ 的取值往往很小，均属于低阻尼情况。表 3.1 汇总了不同结构设计规范所给出的阻尼比取值，可以看出阻尼比取值一般在 0.01 ~ 0.05 之间。

表 3.1　结构设计规范中的阻尼比取值汇总

规范名称	结构类型			阻尼比取值
《建筑抗震设计标准》	普通钢筋混凝土结构			0.05
	单层厂房			0.045 ~ 0.05
	屋盖钢结构下部支承结构为混凝土结构			0.035
	钢支承–混凝土框架结构			≤0.045
	钢框架–钢筋混凝土核芯筒			≤0.045
	多层钢结构厂房	多遇地震		0.03 ~ 0.04
		罕遇地震		0.05
《高层民用建筑钢结构技术规程》	多遇地震（H 为建筑高度）	$H \leqslant 50$ m		0.04
		50 m<H<200 m		0.03
		$H \geqslant 200$ m		0.02
	罕遇地震			0.05
	风振舒适度			0.01 ~ 0.015
《高层建筑混凝土结构技术规程》	风振舒适度			0.01 ~ 0.02
	混合结构	多遇地震		0.04
		风荷载作用下楼层位移验算与构件设计		0.02 ~ 0.04
《混凝土结构设计标准》	预应力混凝土	框架结构		0.03
		框架–剪力墙、框架–核心筒、板柱–剪力墙		0.05
《木结构设计标准》	木结构			0.05
《组合结构设计规范》	多遇地震			0.04
	风荷载作用下楼层位移验算与构件设计			0.02 ~ 0.04
	风振舒适度			0.01 ~ 0.02

根据 $\omega_{\mathrm{d}}=\omega\sqrt{1-\xi^2}$ 可知，当 $\xi<1$ 时，有阻尼体系的自振频率 ω_{d} 恒小于无阻尼体系的自振频率 ω，且阻尼比 ξ 越大，ω_{d} 越小。然而，由于实际结构的阻尼比一般比较小，当 ξ 较小时，ξ^2 会更小，由 $\omega_{\mathrm{d}}=\omega\sqrt{1-\xi^2}$ 可知，低阻尼时的自振频率与无阻尼时的自振频率极其接近，因此在实际计算中常忽略阻尼对结构自振频率的影响，近似取 $\omega_{\mathrm{d}}\approx\omega$。

3. $\xi>1$ 的超阻尼情况

超阻尼又称为强阻尼，此时特征方程的根是两个负实数，运动方程式（3.25）的通解可以表示为

$$y(t)=\mathrm{e}^{-\xi\omega t}(C_1\sinh\sqrt{\xi^2-1}\,\omega_{\mathrm{d}}t+C_2\cosh\sqrt{\xi^2-1}\,\omega_{\mathrm{d}}t) \tag{3.38}$$

式（3.38）中不含简谐振动的因子，相应的位移时程曲线与图 3.24 类似。

由于超阻尼情况在实际问题中很少遇到，故不再进一步展开讨论。

3.5.5 结构阻尼比的确定

阻尼比是描述结构在振动过程中能量耗散的术语，是用来表征结构阻尼特性的重要指标。下面介绍确定体系阻尼比的一种常用方法——自由衰减法。

根据式（3.37）可知，由于阻尼的存在，低阻尼体系的自由振动是一个不断衰减的运动过程。它虽然不是严格意义上的周期振动，但是质量在相邻两次通过静平衡位置时，其时间间隔 $T_{\mathrm{d}}=\dfrac{2\pi}{\omega_{\mathrm{d}}}$ 是相等的，如图 3.26 所示。

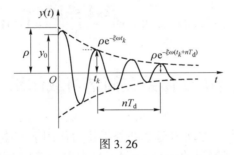

图 3.26

设 t_k 时刻的振动位移为 $y(t_k)$，经过 n 个时间间隔 T_{d} 后的位移记为 $y(t_k+nT_{\mathrm{d}})$，则这两个时刻的位移振幅之比为

$$\frac{y(t_k)}{y(t_k+nT_{\mathrm{d}})}=\frac{\rho\mathrm{e}^{-\xi\omega t_k}}{\rho\mathrm{e}^{-\xi\omega(t_k+nT_{\mathrm{d}})}}=\mathrm{e}^{n\xi\omega T_{\mathrm{d}}} \tag{3.39}$$

对式（3.39）两边取对数，可得

$$\xi=\frac{1}{2n\pi}\cdot\frac{\omega_{\mathrm{d}}}{\omega}\cdot\ln\frac{y(t_k)}{y(t_k+nT_{\mathrm{d}})}\approx\frac{1}{2n\pi}\ln\frac{y(t_k)}{y(t_k+nT_{\mathrm{d}})} \tag{3.40}$$

因此，只要能测得 t_k 和 t_k+nT_{d} 两个时刻的有阻尼体系自由振动幅值 $y(t_k)$ 和 $y(t_k+nT_{\mathrm{d}})$，即可按式（3.40）确定振动体系的阻尼比 ξ。

【例 3.7】计算如图 3.27 所示刚架的阻尼系数。已知横梁的刚度无穷大，质量 $m=5\,000\ \mathrm{kg}$，柱子的 $EI=4.5\times10^6\ \mathrm{N\cdot m^2}$，高度 $h=3\ \mathrm{m}$，不计柱子弹性杆的质量，结构自由振动的初位

移为 25 mm，经 5 个周期后测得的位移为 7.12 mm。

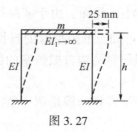

图 3.27

解： 由题意可知该体系为单自由度体系，且两个时刻的自由振动幅值分别为 $y(0)=25$ mm 和 $y(5T_d)=7.12$ mm，将其代入式（3.40）可得

$$\xi=\frac{1}{2n\pi}\ln\frac{y(t_0)}{y(t_0+nT_d)}=\frac{1}{2\times5\pi}\ln\frac{25}{7.12}\approx0.04$$

要获得结构的阻尼系数，还需要求解出该结构的自振频率。易知该结构的刚度系数 k_{11} 为两个竖向柱子的侧移刚度之和，即

$$k_{11}=2\times\frac{12EI}{h^3}=\frac{24EI}{h^3}$$

进而可得自振频率为

$$\omega=\sqrt{\frac{k_{11}}{m}}=\sqrt{\frac{24EI}{mh_1^3}}$$

因此，该刚架结构的阻尼系数为

$$c=2m\omega\xi=2\xi\sqrt{k_{11}m}=2\times0.04\times\sqrt{5\,000\times\frac{24\times4.5\times10^6}{3.0^3}}=11\,313.7\,[\,\text{kg}\cdot(\text{rad/s})\,]$$

3.6 单自由度体系在简谐荷载作用下的受迫振动

所谓受迫振动，是指体系在动力荷载即外干扰力作用下产生的振动。由于实际结构中均存在阻尼，因此本节将直接讨论 $\xi<1$ 低阻尼情况时单自由度体系的受迫振动（无阻尼 $\xi=0$ 则可看作低阻尼情况下的一个特例）。显然，受迫振动运动方程的一般形式为

$$m\ddot{y}+c\dot{y}+k_{11}y=F_P(t) \tag{3.41}$$

这是一个二阶常系数非齐次线性微分方程。根据微分方程解的理论可知，该微分方程的全解由通解和特解组成，即

$$y(t)=y_1(t)+y_2(t) \tag{3.42}$$

式中，$y_1(t)$ 为通解，与自由振动 $m\ddot{y}+c\dot{y}+k_{11}y=0$ 具有相同的通解形式；$y_2(t)$ 为特解，根据动力荷载 $F_p(t)$ 的不同而具有不同的形式。

本节主要讨论 $F_P(t)$ 为简谐荷载时的结构受迫振动。

3.6.1 受迫振动的全解

设简谐荷载的表达式为

$$F_P(t) = F_0 \sin \theta t \tag{3.43}$$

式中，F_0 为荷载的幅值，θ 为简谐荷载的激振频率。

将式（3.43）代入式（3.41），并将方程两边同时除以质量 m，可得

$$\ddot{y} + 2\xi\omega\dot{y} + \omega^2 y = \frac{F_0}{m} \sin \theta t \tag{3.44}$$

因此，该微分方程的特解形式可设为

$$y_2(t) = G_1 \sin \theta t + G_2 \cos \theta t \tag{3.45}$$

将其代入式（3.44）可得

$$\left(-G_1\theta^2 - 2G_2\xi\omega\theta + G_1\omega^2 - \frac{F_0}{m} \right) \sin \theta t = (G_2\theta^2 - 2G_1\xi\omega\theta - G_2\omega^2) \cos \theta t \tag{3.46}$$

显然，若 t 为任意值时式（3.46）均成立，则等式两边括号中的项必须均为零，即

$$\left. \begin{array}{l} -G_1\theta^2 - 2G_2\xi\omega\theta + G_1\omega^2 - \dfrac{F_0}{m} = 0 \\[2mm] G_2\theta^2 - 2G_1\xi\omega\theta - G_2\omega^2 = 0 \end{array} \right\} \tag{3.47}$$

由此可解出：

$$\left. \begin{array}{l} G_1 = \dfrac{F_0}{k_{11}} \dfrac{1-\beta^2}{(1-\beta^2)^2 + (2\xi\beta)^2} \\[4mm] G_2 = \dfrac{F_0}{k_{11}} \dfrac{-2\xi\beta}{(1-\beta^2)^2 + (2\xi\beta)^2} \end{array} \right\} \tag{3.48}$$

式中，$\beta = \dfrac{\theta}{\omega}$，为外荷载的激振频率与结构自振频率的比值，称为频率比。

因此，简谐荷载作用下单自由度体系受迫振动的特解为

$$y_2(t) = \frac{F_0}{k_{11}} \frac{1}{(1-\beta^2)^2 + (2\xi\beta)^2} [(1-\beta^2)\sin \theta t - 2\xi\beta\cos \theta t] \tag{3.49}$$

进一步，可写出运动方程的全解为

$$\begin{aligned} y(t) &= y_1(t) + y_2(t) \\ &= e^{-\xi\omega t}(A\sin \omega_d t + B\cos \omega_d t) + \\ &\quad \frac{F_0}{k_{11}} \frac{1}{(1-\beta^2)^2 + (2\xi\beta)^2} [(1-\beta^2)\sin \theta t - 2\xi\beta\cos \theta t] \end{aligned} \tag{3.50}$$

将初始条件 $y(0) = y_0$ 和 $\dot{y}(0) = \dot{y}_0$ 代入式（3.50）可求出待定常数 A 和 B：

$$\left. \begin{array}{l} A = y_0 + \dfrac{2\xi\omega\theta F_0}{m[(\omega^2-\theta^2)^2 + 4\xi^2\omega^2\theta^2]} \\[4mm] B = \dfrac{\dot{y}_0 + \xi\omega y_0}{\omega_d} + \dfrac{2\xi^2\omega^2\theta F_0}{m\omega_d[(\omega^2-\theta^2)^2 + 4\xi^2\omega^2\theta^2]} - \dfrac{\theta(\omega^2-\theta^2)F}{m\omega_d[(\omega^2-\theta^2)^2 + 4\xi^2\omega^2\theta^2]} \end{array} \right\} \tag{3.51}$$

注意： $y_1(t)$ 中的待定常数 A 和 B 应由受迫振动运动微分方程的全解（通解+特解）联合初始条件确定，而不能仅由自由振动的通解联合初始条件确定。

将式（3.51）代入式（3.50），经整理化简可得简谐荷载作用下单自由度体系受迫振动的全解为

$$y(t) = \mathrm{e}^{-\xi\omega t}\left(y_0\cos\ \omega_{\mathrm{d}}t + \frac{\dot{y}_0 + \xi\omega y_0}{\omega_{\mathrm{d}}}\sin\ \omega_{\mathrm{d}}t\right) +$$

$$\mathrm{e}^{-\xi\omega t}\frac{F_0}{k_{11}[(1-\beta^2)^2 + (2\xi\beta)^2]}\left\{2\xi\beta\cos\ \omega_{\mathrm{d}}t + \frac{\theta}{\omega_{\mathrm{d}}}[2\xi^2 - (1-\beta^2)]\sin\ \omega_{\mathrm{d}}t\right\} +$$

$$\frac{F_0}{k_{11}}\frac{1}{(1-\beta^2)^2 + (2\xi\beta)^2}[(1-\beta^2)\sin\ \theta t - 2\xi\beta\cos\ \theta t] \tag{3.52}$$

由式（3.52）可知，简谐荷载作用下单自由度体系受迫振动的位移响应由三部分组成：

（1）第一部分是与初始条件 y_0 和 $\dot{y}_0$ 有关，且以结构自振频率 ω_{d} 为振动频率的有阻尼自由振动；

（2）第二部分是与初始条件无关而伴随外荷载作用发生的振动，但仍以结构自振频率 ω_{d} 为振动频率，常将其称为伴生自由振动；

（3）第三部分则与初始条件无关，完全是由外荷载所引起且以荷载激振频率 θ 为振动频率，称为纯受迫振动。

由于实际结构均为有阻尼体系，且前两部分振动都含有因子 $\mathrm{e}^{-\xi\omega t}$，因此随着时间的推移前两部分振动会很快衰减掉，故将前两部分的振动称为瞬态响应；而第三部分与简谐荷载的作用紧密相关，振动比较稳定，因此将其称为稳态响应。在某些振动场合下，如冲击荷载、地震等作用下，应分析瞬态响应。一般情况下，由于阻尼的存在，瞬态响应很快会消失（见图3.28），因而在大多数情况下稳态响应较为重要。

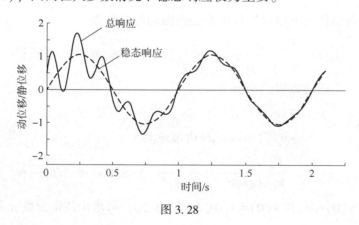

图3.28

3.6.2 受迫振动的稳态响应

下面将重点讨论简谐荷载作用下的结构稳态响应。

简谐荷载 $F_{\mathrm{P}}(t) = F_0\sin\ \theta t$ 作用下，单自由度体系的稳态响应为

$$y(t) = \frac{F_0}{k_{11}} \frac{1}{(1-\beta^2)^2 + (2\xi\beta)^2} \left[(1-\beta^2)\sin\theta t - 2\xi\beta\cos\theta t \right] \tag{3.53}$$

根据三角函数的性质，式（3.53）可进一步化为

$$y(t) = \rho\sin(\theta t - \psi) \tag{3.54}$$

式中，ρ 为振动的幅值，即结构的最大动位移 $[y(t)]_{\max}$；ψ 为动力响应的相位比荷载相位所落后的角度，称为相位差。二者的具体表达式分别为

$$\rho = \frac{F_0}{k_{11}} \frac{1}{\sqrt{(1-\beta^2)^2 + (2\xi\beta)^2}} \tag{3.55}$$

$$\psi = \arctan\frac{2\xi\beta}{1-\beta^2} \tag{3.56}$$

容易看出，结构稳态振动的振幅（最大动位移）由两部分相乘而得，其中 $\dfrac{F_0}{k_{11}}$ 这一项正是简谐荷载的幅值 F_0 作为静力荷载直接作用在质点上时所引发的结构位移，常将其称为最大静位移，用符号 y_{st} 表示，因此结构的最大动位移还可表示为

$$[y(t)]_{\max} = \rho = \frac{1}{\sqrt{(1-\beta^2)^2 + (2\xi\beta)^2}} y_{st} \tag{3.57}$$

引入符号 μ 表示结构在动荷载作用下的最大动位移与最大静位移的比值，即

$$\mu = \frac{[y(t)]_{\max}}{y_{st}} = \frac{1}{\sqrt{(1-\beta^2)^2 + (2\xi\beta)^2}} \tag{3.58}$$

工程中常将 μ 称为动力放大系数，或称位移动力系数，用来表征作用在结构上的动力荷载对结构所产生的动力影响。对单自由度体系来说，可直接先通过式（3.58）求解动力放大系数 μ，然后通过 $[y(t)]_{\max} = \mu y_{st}$ 来求解结构在动力荷载作用下的最大位移。

当不考虑结构的阻尼效应即 $\xi = 0$ 时，简谐荷载作用下结构稳态振动的位移响应和动力放大系数分别为

$$y(t) = \frac{F_0}{k_{11}} \frac{1}{1-\beta^2}\sin\theta t \tag{3.59}$$

$$\mu = \frac{1}{1-\beta^2} \tag{3.60}$$

3.6.3　动力放大系数及相频特性

根据式（3.55）和式（3.56）可以看出，结构在简谐荷载作用下发生稳态振动时，动力放大系数 μ 和相位差 ψ 均为频率比 $\beta = \dfrac{\theta}{\omega}$ 和阻尼比 ξ 的函数。当阻尼比 ξ 为确定值时，可做出动力放大系数和相位差随频率比 β 的变化曲线，分别如图 3.29（a）、图 3.29（b）所示。在图 3.29（a）中，纵坐标取为动力放大系数的绝对值 $|\mu|$（当频率比 $\beta > 1$ 时，μ 为负值）。

下面将结合图 3.29 来探讨频率比 β 和阻尼比 ξ 对动力放大系数的影响，并对位移与荷载的相位关系作简单讨论。

1. 当外荷载的激振频率接近结构的自振频率时

此时 $\theta \approx \omega$，$\beta \approx 1$。从图 3.29（a）可以看出，当 $\beta \approx 1$ 时，动力放大系数出现了较大值，尤其当不考虑结构的阻尼效应即 $\xi = 0$ 时，结构的动力响应趋近无穷大 $\left(\mu = \dfrac{1}{1-\beta^2} \to \infty \right)$。工程中将外荷载的激振频率接近结构的自振频率时所引发结构产生较大振动响应的现象称为结构发生了共振。

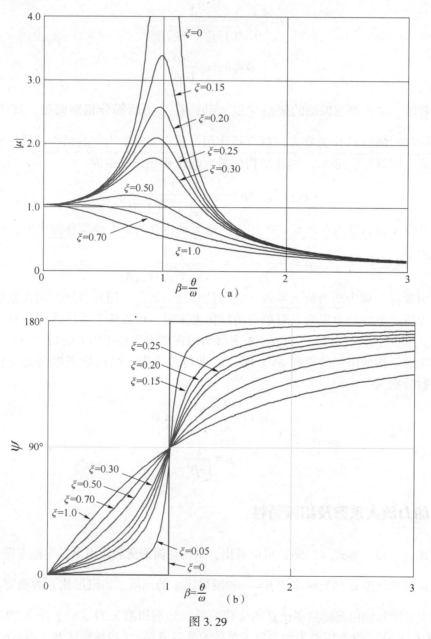

图 3.29

在 $\beta = 1$ 附近，尽管有阻尼体系的动位移幅值不会趋近无穷大，但是仍然比静位移大得多，这对结构往往也是非常不利的。工程中常将 $0.75 < \beta < 1.25$ 的范围称为共振区。当外

荷载的激振频率与结构的自振频率之比处于共振区时，对结构往往会造成较大的破坏。最典型的就是士兵过桥的案例，当大队士兵迈正步走的频率正好与大桥的固有频率一致时，桥梁的振动会加强，当它的振幅达到最大以至超过桥梁的承载力时，则发生了桥梁坍塌等严重事故。因此，在工程设计中应尽量避开共振区域，避免结构由于共振而发生的破坏。

由于实际结构均存在阻尼（$\xi \neq 0$），所以研究结构共振时的动力反应时，阻尼的影响是不容忽视的。当 $\theta \approx \omega$ 时，$\mu = \dfrac{1}{\sqrt{(1-\beta^2)^2 + (2\xi\beta)^2}} \rightarrow \dfrac{1}{2\xi}$，结合图 3.29（a）可以看出，对于 $\xi < 0.5$ 的低阻尼情况，阻尼越大，动力放大系数越小，说明共振时结构的阻尼能够发挥积极作用，它会消化吸收一定的振动能量。

从相位差的角度来看，当 $\theta \approx \omega$ 时，相位差 $\psi = \arctan \dfrac{2\xi\beta}{1-\beta^2} \approx 90°$ ［见图 3.29（b）］，说明位移落后于荷载约 90°，因此当荷载为最大时，位移很小，加速度也很小，导致弹性恢复力和惯性力也都很小，此时动力荷载主要由阻尼力平衡。

2. 当外荷载的激振频率远小于结构的自振频率时

此时 $\theta \ll \omega$，则 $\beta = \dfrac{\theta}{\omega} \ll 1$，动力放大系数 μ 非常接近于 1 ［见图 3.29（a）］。这表明动位移和静位移几乎相等，反映出动力荷载 $F_P = F_0 \sin \theta t$ 加载非常缓慢，可近似为静力荷载。此时惯性力和阻尼力很小，可忽略不计，动力荷载主要由结构的弹性恢复力所平衡。

此时的相位差 $\psi \approx 0°$ ［见图 3.29（b）］，故结构动位移与激振频率几乎同步振动。

实际工程中，当 $\beta = \dfrac{\theta}{\omega} \ll \dfrac{1}{5}$ 时，通常可按静力方法计算结构的位移幅值。

3. 当外荷载的激振频率远大于结构的自振频率时

此时 $\theta \gg \omega$，则 $\beta = \dfrac{\theta}{\omega} \gg 1$，动力放大系数 μ 非常接近于 0 ［见图 3.29（a）］。这表明动力荷载的加载非常快，动位移趋近于零，而加速度则很大，相应的惯性力也较大，结构的弹性恢复力和阻尼力相对来说可以忽略，此时动力荷载主要由惯性力所平衡。

此时的相位差 ψ 接近 180° ［见图 3.29（b）］，这主要是由于惯性力始终和位移是同相位的，所以欲使结构处于动平衡状态，动力荷载的方向只能是与位移的方向相反（二者反向振动）。

3.6.4 结构最大动位移和最大动内力的计算

在结构动力计算中，需找出结构在动力荷载作用下的最大位移、速度和加速度，使其不超过规范所规定的容许值，以避免振动对人体健康、工艺过程、精密仪器设备和结构物等造成有害的影响。另外，结构计算时还需要确定结构在动力荷载作用下可能产生的最大动内力，作为设计时强度计算的依据。下面将通过两个例子进行说明。

【例 3.8】如图 3.30（a）所示的简支梁体系，不考虑弹性杆本身的质量，杆件 EI 为常数，在跨中位置有集中质量 m，其上作用有简谐荷载 $F_P(t)=F_0\sin\theta t$，荷载的激励频率与结构自振频率之间的关系为 $\theta=0.6\omega$，若不计结构阻尼，计算稳态振动响应的最大动位移和最大动弯矩。

解： 该体系为单自由度体系，假设质量 m 的竖向位移为 $y(t)$，以向下为正。

（1）计算最大动位移

首先求解动荷载幅值 F_0 作为静荷载作用在结构上时所引发的质量 m 在梁跨中截面的静位移 y_{st}。根据单位荷载法，作出单位荷载作用下的结构弯矩图 [见图 3.30（b）]，计算求解得该体系的柔度系数为 $\delta_{11}=\dfrac{l^3}{48EI}$，进而可得静位移为

$$y_{st}=\frac{F_0}{k_{11}}=\delta_{11}F_0=\frac{F_0 l^3}{48EI}$$

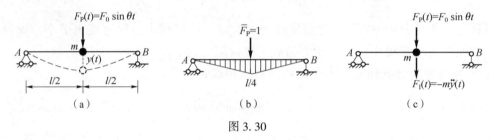

图 3.30

当不考虑结构的阻尼时，$\xi=0$，结构动力放大系数为

$$\mu=\frac{1}{1-\beta^2}=\frac{1}{1-0.6^2}=1.562\ 5$$

因此简谐荷载作用下结构的最大动位移为

$$[y(t)]_{max}=\mu\cdot y_{st}=1.562\ 5\times\frac{F_0 l^3}{48EI}=0.032\ 6\ \frac{F_0 l^3}{EI}$$

（2）计算最大动弯矩

欲求解体系的最大动弯矩，需对体系进行受力分析。在振动过程的任一时刻，体系除受到外荷载 $F_P(t)$ 的作用，还受惯性力 $F_I(t)$ 的作用，如图 3.30（c）所示。根据叠加原理可知：结构的动内力 = 外荷载作用下的结构动内力 + 惯性力作用下的结构动内力。

由式（3.59）可知，该体系的动位移可表示为 $y(t)=\dfrac{F_0}{k_{11}}\mu\sin\theta t$，故其惯性力为

$$F_I(t)=-m\ddot{y}(t)=m\cdot\frac{F_0}{k_{11}}\mu\theta^2\sin\theta t$$

由于惯性力的作用点和外荷载的作用点一致，因此作用在质量上的合力大小为

$$F_合(t)=F_P(t)+F_I(t)=F_0\sin\theta t+m\cdot\frac{F_0}{k_{11}}\mu\theta^2\sin\theta t$$

$$=F_0\sin\theta t+\beta^2 F_0\mu\sin\theta t=F_0(1+\beta^2\mu)\sin\theta t$$

由于 $1+\beta^2\mu=1+\dfrac{\beta^2}{1-\beta^2}=\mu$，因此上式可化简为

$$F_合(t)=\mu F_0\sin\theta t$$

因此结构的最大动弯矩发生在跨中截面，大小为

$$[M(t)]_{max} = \frac{l}{4} \times \mu F_0 = \mu \times \frac{F_0 l}{4} = \mu M_{st}$$

式中，M_{st}为动荷载幅值 F_0 作为静力荷载直接作用在简支梁跨中时跨中截面的静弯矩。

　　由此可见，对于单自由度体系，当外荷载直接作用在质量上时，结构位移的动力放大系数等于内力的动力放大系数。

　　如果外荷载不直接作用在质点上，体系位移的动力放大系数和内力的动力放大系数是否还相同？下面通过一个例子来探讨。

　　【例 3.9】 与例 3.8 中的体系相同，若质量 m 位于简支梁截面 1 的位置，而外部简谐荷载 $F_P(t)$ 作用在简支梁截面 2 的位置，如图 3.31（a）所示。激振频率与结构自振频率之间的关系为 $\theta = 0.6\omega$，不计阻尼，计算结构稳态振动时的最大动位移和最大动弯矩。

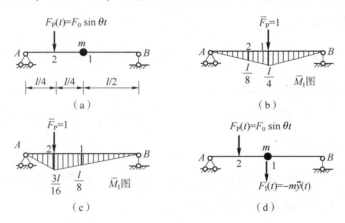

图 3.31

　　解：同例 3.8，该体系为单自由度体系，假设质量 m 的竖向位移为 $y(t)$，以向下为正。
　　（1）计算最大动位移
　　由题意可得，位移的动力放大系数为

$$\mu = \frac{1}{1-\beta^2} = \frac{1}{1-0.6^2} = 1.5625$$

　　然而，与例 3.8 所不同的是，由于动力荷载并不直接作用在质量上，因此简谐荷载幅值 F_0 作为静力荷载作用在结构上时质量 m 所产生的静位移发生了变化，应该为

$$y_{st} = \delta_{12} F_0$$

式中，δ_{12} 表示单位荷载作用在简支梁截面 2 位置时引起的梁 1 截面沿自由度方向的位移，亦为结构的柔度系数，可根据结构的位移计算方法求得。

　　分别作出截面 1 和截面 2 单独作用单位荷载时的弯矩图 [见图 3.31（b）、图 3.31（c）]，根据单位荷载法可求得柔度系数：

$$\delta_{11} = \frac{l^3}{48EI}, \quad \delta_{12} = \frac{11l^3}{768EI}$$

因此，该体系的最大动位移为

$$[y(t)]_{\max} = \mu y_{st} = 1.562\ 5 \times \frac{11F_0l^3}{768EI} = 0.022\ 4\ \frac{F_0l^3}{EI}$$

（2）计算最大动弯矩

体系受力分析如图 3.31（d）所示，其中 $F_I(t)$ 为惯性力。由于动力荷载未直接作用在质量上，由式（3.12）可知该体系的运动方程为 $m\ddot{y} + c\dot{y} + \frac{1}{\delta_{11}}y = \frac{\delta_{12}}{\delta_{11}}F_P(t)$，因此可进一步得位移响应稳态解为

$$y(t) = \frac{F_E}{k_{11}}\frac{1}{1-\beta^2}\sin\theta t$$

式中，F_E 为等效荷载的幅值，具体表达式为

$$F_E = \frac{\delta_{12}}{\delta_{11}}F_0 = \frac{11}{16}F_0$$

故惯性力可表示为

$$F_I(t) = -m\ddot{y}(t) = m \cdot \frac{F_E}{k_{11}}\mu\theta^2\sin\theta t = \frac{11}{16}\beta^2\mu F_0\sin\theta t$$

因此，结构截面 1 的动弯矩为

$$M_1(t) = \frac{l}{8}\times F_P(t) + \frac{l}{4}\times F_I(t) = \left(\frac{l}{8} + \frac{l}{4}\times\frac{11}{16}\beta^2\mu\right)F_0\sin\theta t = 0.221\ 7F_0l\sin\theta t$$

结构截面 2 的动弯矩为

$$M_2(t) = \frac{3l}{16}\times F_P(t) + \frac{l}{8}\times F_I(t) = \left(\frac{3l}{16} + \frac{l}{8}\times\frac{11}{16}\beta^2\mu\right)F_0\sin\theta t = 0.235\ 8F_0l\sin\theta t$$

因此截面 1 和截面 2 的最大动弯矩分别为

$$[M_1(t)]_{\max} = 0.221\ 7F_0l$$
$$[M_2(t)]_{\max} = 0.235\ 8F_0l$$

对应的内力放大系数分别为

截面 1：$\mu_1 = \dfrac{0.221\ 7F_0l}{F_0l/8} = 1.773\ 6$

截面 2：$\mu_2 = \dfrac{0.235\ 8F_0l}{3F_0l/16} = 1.257\ 6$

综合该算例可以得到如下结论：

（1）对于结构的位移放大系数：当动力荷载不直接作用在质量上时，质量所在截面的位移动力放大系数仍等于动力荷载直接作用在质量上时的位移动力放大系数，这主要是由于等效动力荷载是通过位移等效而转换的，因而对该截面的位移不会产生影响。

（2）对于结构的内力放大系数：当动力荷载不直接作用在质点上时，内力的动力放大系数不再等于位移的动力放大系数，并且不同截面内力的动力放大系数也不相同。

3.6.5 结构振动控制理念

欲减小由结构振动而产生的不利影响，需要控制对结构不利的那些动力响应。根据影响动力放大系数的因素，可以从以下两个方面采取措施对结构振动进行控制。

1. 合理增加结构的阻尼

由于阻尼具有耗散能量的作用，因此合理增加结构阻尼可减小结构的动力响应。例如为减小轨道交通引起的结构振动和噪声，某些轨道交通线路段会采用阻尼钢轨，即在钢轨的轨腰处黏附一定的阻尼材料（见图 3.32），将振动能量转变成热能或其他可耗损的能量，从而达到减振及降噪的目的。又例如，北京阜成门立交桥在维修加固时通过安装 20 套液体黏滞阻尼器以减小车辆动力荷载引发的结构动力响应（见图 3.33）。

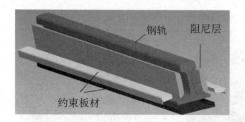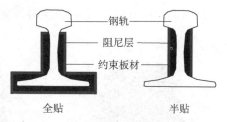

图 3.32

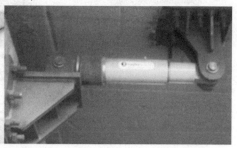

图 3.33

2. 调整结构的自振频率

结构的振动响应除了与外部动荷载有关外，还与结构本身的动力特性有关，因此可以通过调整结构的自振频率来控制结构的过大振动。

当结构的自振频率位于共振区时，可通过调整结构的自振频率，使其远离外部动荷载的激振频率，合理避开共振区域 $0.75 < \beta < 1.25$。

当结构的自振频率并不位于共振区但是对结构不利的振动仍然较大时，根据图 3.29（a）显示的振动规律，可从两个不同的角度采取措施：

（1）在 $\beta = \dfrac{\theta}{\omega} < 1$ 的共振前区：为使振幅减小，应尽量减小 β 值，此时可设法增大结构的自振频率 ω，由 $\omega = \sqrt{\dfrac{k_{11}}{m}}$ 可知在质量不变的情况下可通过加强结构的刚度来实现，因此

称这种振动控制方法为<u>刚性方案</u>。

（2）在 $\beta = \dfrac{\theta}{\omega} > 1$ 的共振后区：为使振幅减小，应尽量增大 β 值，此时可设法减小结构

的自振频率 ω 或采用长周期结构，由 $\omega = \sqrt{\dfrac{1}{m\delta_{11}}}$ 可知在质量不变的情况下可通过加大结构

的柔度来实现，因此称这种振动控制方法为<u>柔性方案</u>。

在我国古代优秀建筑中，蕴含着大量的减隔振思想。例如建于公元 1056 年的山西应县木塔（见图 3.34），至今已遭受了多次大地震，然而木塔岿然不动。除了木塔在结构构造上的抗震优势外，经测试还发现其为典型的长周期柔性结构（自振频率低）。木塔所在场地特征周期的均值为 0.45 s，而木塔南北方向和东西方向的第一阶自振周期分别约为 1.664 s 和 1.574 s，结构自振周期与场地特征周期之比达 3.6 倍多，完美避开了共振区，且采用了长周期结构有效避免了地震时高频震波的冲击。

图 3.34

3.7　一般周期荷载作用下单自由度体系的动力响应

对于周期为 T_{P} 的一般周期荷载 [参见图 3.5（b）]，可以按照 Fourier 级数展开为

$$F_{\mathrm{P}}(t) = a_0 + \sum_{n=1}^{\infty} a_n \cos \frac{2n\pi}{T_{\mathrm{P}}} t + \sum_{n=1}^{\infty} b_n \sin \frac{2n\pi}{T_{\mathrm{P}}} t \qquad (3.61)$$

$$\left. \begin{aligned} a_0 &= \frac{1}{T_{\mathrm{P}}} \int_0^{T_{\mathrm{P}}} F_{\mathrm{P}}(t)\, \mathrm{d}t \\ a_n &= \frac{2}{T_{\mathrm{P}}} \int_0^{T_{\mathrm{P}}} \left[F_{\mathrm{P}}(t) \cos \frac{2n\pi}{T_{\mathrm{P}}} t \right] \mathrm{d}t \\ b_n &= \frac{2}{T_{\mathrm{P}}} \int_0^{T_{\mathrm{P}}} \left[F_{\mathrm{P}}(t) \sin \frac{2n\pi}{T_{\mathrm{P}}} t \right] \mathrm{d}t \end{aligned} \right\} \qquad (3.62)$$

式（3.61）中的 a_0 表示静力荷载，等号右边的第二、第三项分别表示加载频率为 $\theta_n = \dfrac{2n\pi}{T_P}$ 的余弦荷载和正弦荷载。可见简谐荷载是周期荷载的一个特例，是一般周期荷载 Fourier 展开级数中的一项。因此，分别求解出各类荷载作用下体系的动力响应，然后利用叠加原理即可得到体系的总动力响应。

对于静力荷载项，体系的位移响应为

$$y_1(t) = a_0 / k_{11} \tag{3.63}$$

对于单个余弦荷载项，体系的位移响应为

$$y_2(t) = \frac{b_n}{k_{11}} \frac{1}{(1-\beta_n^2)^2 + (2\xi\beta_n)^2} \left[(1-\beta_n^2)\sin\theta_n t - 2\xi\beta_n\cos\theta_n t \right] \tag{3.64}$$

对于单个正弦荷载项，体系的位移响应为

$$y_3(t) = \frac{a_n}{k_{11}} \frac{1}{(1-\beta_n^2)^2 + (2\xi\beta_n)^2} \left[2\xi\beta_n\sin\theta_n t + (1-\beta_n^2)\cos\theta_n t \right] \tag{3.65}$$

因此，一般周期荷载作用下体系的动力响应为

$$y(t) = \frac{1}{k_{11}} \left\{ a_0 + \sum_{n=1}^{\infty} \frac{1}{(1-\beta_n^2)^2 + (2\xi\beta_n)^2} \left[Y_{n1}(t) + Y_{n2}(t) \right] \right\} \tag{3.66}$$

式中，$Y_{n1}(t) = \left[a_n 2\xi\beta_n + b_n(1-\beta_n^2) \right]\sin\theta_n t$，$Y_{n2}(t) = \left[a_n(1-\beta_n^2) - b_n 2\xi\beta_n \right]\cos\theta_n t$。

3.8 任意荷载作用下单自由度体系的受迫振动

在实际工程中，很多动力荷载既不是简谐荷载，也不是周期荷载，而是随时间任意变化的荷载，如图 3.35（a）所示。为此需要采用更通用的方法来研究任意荷载作用下单自由度体系的动力反应问题。

容易看出，任意动力荷载均可以分解为一系列作用时间非常短的脉冲荷载 [见图 3.35（b）]。根据叠加原理可知，体系在任意荷载作用下的动力响应可视作一系列独立短脉冲荷载连续作用下体系动力响应的总和。因此，下面首先对单个脉冲荷载作用引起的体系动力响应进行分析求解。

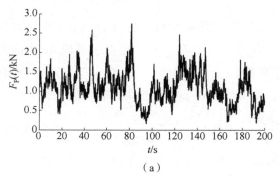

（a）

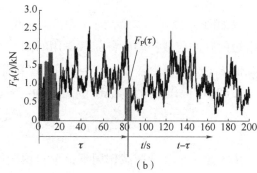

（b）

图 3.35

3.8.1 脉冲荷载作用下的动力响应

图 3.36 为 $t=\tau$ 时刻作用的一个脉冲荷载，其作用在体系上的时间为 Δt。由于脉冲荷载的作用时间 Δt 极短，因此荷载的幅值可认为是常数 F_P。设体系在 $t=0$ 时刻处于静止状态，当短脉冲荷载作用其上时相当于给予该体系一个瞬时冲量 $I=F_P \Delta t$。则根据动量定理可知，质量 m 在 Δt 时间内的动量变化等于作用于该质量的冲量，即 $F_P \Delta t = m\dot{y}_0$，其中 $\dot{y}_0$ 为该瞬时冲量 I 使质量 m 获得的初速度，因此有

$$\dot{y}_0 = \frac{F_P \Delta t}{m} \tag{3.67}$$

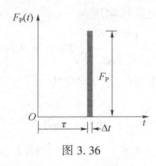

图 3.36

由于瞬时冲量 I 作用时间很短，$\Delta t \to 0$，质量获得速度增量后还未来得及产生位移冲量即行消失，因此脉冲荷载作用后的结构体系将产生初位移 $y_0=0$ 和初速度 $\dot{y}_0 = \dfrac{F_P \Delta t}{m}$ 的自由振动。将初始条件 $y_0=0$ 和 $\dot{y}_0 = \dfrac{F_P \Delta t}{m}$ 代入到有阻尼单自由度体系的自由振动位移解表达式（3.36）中，可得该脉冲荷载作用下体系在 $t>\tau$ 时的动力响应为

$$\Delta y(t-\tau) = e^{-\xi\omega(t-\tau)} \frac{F_P \Delta t}{m\omega_d} \sin\left[\omega_d(t-\tau)\right] \tag{3.68}$$

3.8.2 任意荷载作用下的动力响应——Duhamel 积分

以如图 3.37（a）所示的任意荷载为例。由于任意荷载均可以分解为一系列作用时间非常短的脉冲荷载，因此将荷载作用时间划分为无限多个微段 $d\tau$，在每一微段 $d\tau$ 内的荷载幅值 $F_P(\tau)$ 可视为常数，它与时间 $d\tau$ 的乘积即构成一个瞬时冲量 $dS = F_P(\tau)d\tau$。根据式（3.68）可得作用时间为 $d\tau$ 的短脉冲荷载作用下体系在 $t>\tau$ 时的动力响应为

$$dy(t) = e^{-\xi\omega(t-\tau)} \frac{F_P(\tau)d\tau}{m\omega_d} \sin\left[\omega_d(t-\tau)\right] \tag{3.69}$$

由于每一个脉冲荷载作用下该单自由度体系发生的振动均为自由振动，因此所有的脉冲反应均按同样的振动圆频率 ω_d、同样的指数衰减规律进行振动，如图 3.37（b）~

图 3.37（e）所示。根据线弹性结构的叠加原理可得，任意荷载作用下单自由度体系的动力响应为

$$y(t) = \int_0^t \frac{F_P(\tau)}{m\omega_d} e^{-\xi\omega(t-\tau)} \sin[\omega_d(t-\tau)] d\tau \tag{3.70}$$

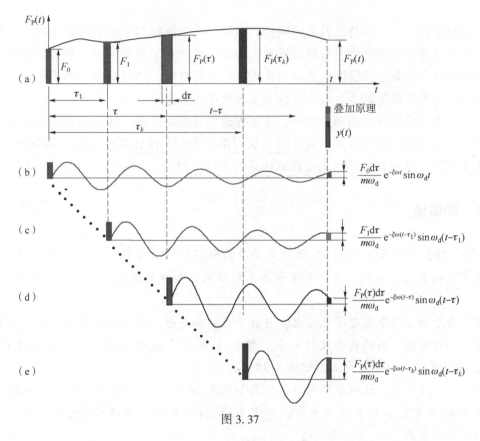

图 3.37

式（3.70）就是初始处于静止状态的单自由度有阻尼体系在任意荷载 $F_P(t)$ 作用下发生受迫振动时的位移计算公式，称为 Duhamel 积分。

如果令

$$h(t-\tau) = \frac{1}{m\omega_d} e^{-\xi\omega(t-\tau)} \sin[\omega_d(t-\tau)] \tag{3.71}$$

则 Duhamel 积分式（3.70）可进一步化简为

$$y(t) = \int_0^t F_P(\tau) h(t-\tau) d\tau \tag{3.72}$$

这是一个卷积积分的形式。其中，$h(t-\tau)$ 是幅值为 1 的短脉冲荷载所引起的单自由度体系动力响应，常称为单位脉冲响应函数，是动力学计算中非常重要的一个物理量。

如果该体系初始并未处于静止状态，则体系的总位移表达式应为

$$y(t) = e^{-\xi\omega t}(A\sin\omega_d t + B\cos\omega_d t) + \int_0^t \frac{F_P(\tau)}{m\omega_d} e^{-\xi\omega(t-\tau)} \sin[\omega_d(t-\tau)] d\tau \tag{3.73}$$

式中，待定常数 A、B 由初始条件决定。

3.9 多自由度体系运动方程的建立

对单自由度体系动力特性及振动响应的研究，可以使我们了解有关振动的一些基本概念，在动力学分析和研究中有着极其重要的地位。然而在工程实际中，很多结构不宜简化为单自由度体系计算，而需简化为多自由度体系进行分析，如考虑多个集中质量的梁体结构、多层房屋的侧向振动等，均需要作为多自由度体系进行计算。

欲求解多自由度体系的动力响应，需要先建立其运动方程。其运动方程的建立方法与单自由度体系相似，既可以采用刚度法（从力系平衡的角度建立体系的运动方程），也可以采用柔度法（从位移协调的角度建立体系的运动方程），二者各有其适用范围。

3.9.1 刚度法

【例 3.10】 建立图 3.38（a）所示双层平面刚架的运动方程，集中质量 m_1 和 m_2 分别承受集中荷载 $F_{P1}(t)$ 和 $F_{P2}(t)$，不考虑体系的阻尼，各杆长度及抗弯刚度如图 3.38（a）所示。

解： 由于横梁的刚度趋近无穷大，且柱子无轴向变形，因此该体系两横梁处各有一个水平方向的自由度，为两自由度的体系。质量 m_1 和质量 m_2 的水平位移分别记为 $y_1(t)$ 和 $y_2(t)$，并设其以水平向右为正，如图 3.38（a）所示。

根据集中质量法，该双层刚架可简化为如图 3.38（b）所示的计算模型。取隔离体分别对质量 m_1 和质量 m_2 进行受力分析，如图 3.38（c）所示。根据力的平衡条件列出体系的动力平衡方程为

$$\left.\begin{array}{l} F_{I1}(t)+F_{S1}(t)+F_{P1}(t)=0 \\ F_{I2}(t)+F_{S2}(t)+F_{P2}(t)=0 \end{array}\right\}$$

式中，$F_{I1}(t)=-m_1\ddot{y}_1$ 和 $F_{I2}(t)=-m_2\ddot{y}_2$ 分别为质量 m_1 和质量 m_2 的惯性力；$F_{S1}(t)$ 和 $F_{S2}(t)$ 分别为竖向柱子提供给质量 m_1 和质量 m_2 的弹性恢复力，需要通过体系的刚度系数求出。

将多自由体系的刚度系数记为 k_{ij}，其含义为使体系仅沿第 j 个自由度方向发生单位位移所需要在第 i 个自由度方向施加的力，则弹性恢复力可写为 $F_{S1}=-(k_{11}y_1+k_{12}y_2)$ 和 $F_{S2}=-(k_{21}y_1+k_{22}y_2)$，负号表示弹性恢复力的方向与位移方向相反。

将惯性力和弹性恢复力的具体表达式代入该体系的动力平衡方程可得体系运动方程为

$$\left.\begin{array}{l} m_1\ddot{y}_1+k_{11}y_1+k_{12}y_2=F_{P1}(t) \\ m_2\ddot{y}_2+k_{21}y_1+k_{22}y_2=F_{P2}(t) \end{array}\right\}$$

为求解体系的刚度系数，分别作出每根横梁单独发生单位侧移所引起的柱子弯矩图 $\overline{M}_1$ 图和 $\overline{M}_2$ 图，各刚度系数则等于附加约束上的附加反力，分别如图 3.38（d）、图 3.38（e）

所示。同位移法中对系数项的求解，可取包含横梁的隔离体，进而利用静力平衡条件求得刚度系数：

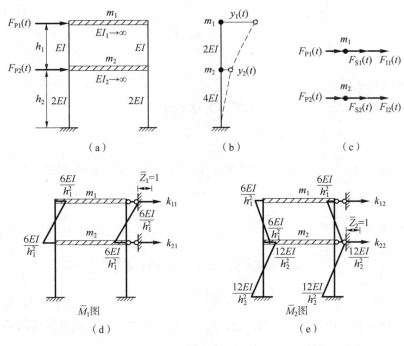

图 3.38

$$k_{11} = \frac{24EI}{h_1^3}; \quad k_{21} = -\frac{24EI}{h_1^3}; \quad k_{12} = -\frac{24EI}{h_1^3}; \quad k_{22} = \frac{24EI}{h_1^3} + \frac{48EI}{h_2^3}$$

因此，可得该双层平面刚架的运动方程如下：

$$\begin{cases} m_1 \ddot{y}_1 + \dfrac{24EI}{h_1^3} y_1 - \dfrac{24EI}{h_1^3} y_2 = F_{P1}(t) \\[3mm] m_2 \ddot{y}_2 - \dfrac{24EI}{h_1^3} y_1 + \left(\dfrac{24EI}{h_1^3} + \dfrac{48EI}{h_2^3} \right) y_2 = F_{P2}(t) \end{cases}$$

通过例 3.10 可以看出，对于具有两个自由度的体系，其运动方程是由两个方程组成的线性微分方程组，写成矩阵的形式则为

$$\begin{bmatrix} m_1 & 0 \\ 0 & m_2 \end{bmatrix} \begin{bmatrix} \ddot{y}_1 \\ \ddot{y}_2 \end{bmatrix} + \begin{bmatrix} k_{11} & k_{12} \\ k_{21} & k_{22} \end{bmatrix} \begin{bmatrix} y_1 \\ y_2 \end{bmatrix} = \begin{bmatrix} F_{P1}(t) \\ F_{P2}(t) \end{bmatrix} \tag{3.74}$$

当考虑体系的阻尼时，两自由度体系运动方程的一般形式为

$$\begin{bmatrix} m_1 & 0 \\ 0 & m_2 \end{bmatrix} \begin{bmatrix} \ddot{y}_1 \\ \ddot{y}_2 \end{bmatrix} + \begin{bmatrix} c_{11} & c_{12} \\ c_{21} & c_{22} \end{bmatrix} \begin{bmatrix} \dot{y}_1 \\ \dot{y}_2 \end{bmatrix} + \begin{bmatrix} k_{11} & k_{12} \\ k_{21} & k_{22} \end{bmatrix} \begin{bmatrix} y_1 \\ y_2 \end{bmatrix} = \begin{bmatrix} F_{P1}(t) \\ F_{P2}(t) \end{bmatrix} \tag{3.75}$$

式中，c_{11}、c_{12}、c_{13}、c_{14} 分别为对应各自由度方向的黏滞阻尼系数。

进一步可推知具有 n 个自由度的有阻尼多自由度体系，其运动方程是由 n 个方程组成的线性微分方程组，将其写成矩阵的形式则为

$$
\begin{bmatrix} m_1 & & & \\ & m_2 & & \mathbf{0} \\ \mathbf{0} & & \ddots & \\ & & & m_n \end{bmatrix}
\begin{bmatrix} \ddot{y}_1 \\ \ddot{y}_2 \\ \vdots \\ \ddot{y}_n \end{bmatrix}
+
\begin{bmatrix} c_{11} & c_{12} & \cdots & c_{1n} \\ c_{21} & c_{22} & \cdots & c_{2n} \\ \vdots & \vdots & & \vdots \\ c_{n1} & c_{n2} & \cdots & c_{nn} \end{bmatrix}
\begin{bmatrix} \dot{y}_1 \\ \dot{y}_2 \\ \vdots \\ \dot{y}_n \end{bmatrix}
+
\begin{bmatrix} k_{11} & k_{12} & \cdots & k_{1n} \\ k_{21} & k_{22} & \cdots & k_{2n} \\ \vdots & \vdots & & \vdots \\ k_{n1} & k_{n2} & \cdots & k_{nn} \end{bmatrix}
\begin{bmatrix} y_1 \\ y_2 \\ \vdots \\ y_n \end{bmatrix}
=
\begin{bmatrix} F_{P1}(t) \\ F_{P2}(t) \\ \vdots \\ F_{Pn}(t) \end{bmatrix}
$$

$$(3.76)$$

写成向量的形式则为

$$M\ddot{Y} + C\dot{Y} + KY = F_{P} \tag{3.77}$$

式中，$Y = \begin{bmatrix} y_1 \\ y_2 \\ \vdots \\ y_n \end{bmatrix}$，$\dot{Y} = \begin{bmatrix} \dot{y}_1 \\ \dot{y}_2 \\ \vdots \\ \dot{y}_n \end{bmatrix}$，$\ddot{Y} = \begin{bmatrix} \ddot{y}_1 \\ \ddot{y}_2 \\ \vdots \\ \ddot{y}_n \end{bmatrix}$ 分别为体系的位移向量、速度向量、加速度向量；

$M = \begin{bmatrix} m_1 & 0 & \cdots & 0 \\ 0 & m_2 & \cdots & 0 \\ \vdots & \vdots & \ddots & \vdots \\ 0 & 0 & \cdots & m_n \end{bmatrix}$ 为质量矩阵，是对角矩阵；$K = \begin{bmatrix} k_{11} & k_{12} & \cdots & k_{1n} \\ k_{21} & k_{22} & \cdots & k_{2n} \\ \vdots & \vdots & & \vdots \\ k_{n1} & k_{n2} & \cdots & k_{nn} \end{bmatrix}$ 为刚度矩

阵，其元素 k_{ij} 称为多自由度体系的刚度系数，可根据其物理含义通过位移法基本结构及单

位弯矩图求出；$C = \begin{bmatrix} c_{11} & c_{12} & \cdots & c_{1n} \\ c_{21} & c_{22} & \cdots & c_{2n} \\ \vdots & \vdots & & \vdots \\ c_{n1} & c_{n2} & \cdots & c_{nn} \end{bmatrix}$ 为阻尼矩阵，其元素 c_{ij} 称为多自由度体系的阻尼系

数，其求法将在后面的章节进行介绍；$F_{P} = \begin{bmatrix} F_{P1}(t) \\ F_{P2}(t) \\ \vdots \\ F_{Pn}(t) \end{bmatrix}$ 为体系受到的外荷载向量。

3.9.2　柔度法

对于多自由度体系，亦可用柔度法建立体系的运动方程，其原理与单自由度体系完全相同，均是从位移协调的角度建立方程。

【例 3.11】 对于如图 3.39（a）所示的简支梁，EI 为常数，不计弹性杆本身的质量，截面 1 和截面 2 处分别有集中质量 m_1 和 m_2，其上分别作用有外荷载 $F_{P1}(t)$ 和 $F_{P2}(t)$。忽略结构的阻尼，试建立该体系的运动方程。

解： 易知该体系有两个动力自由度，即质量 m_1 和 m_2 的竖向位移 $y_1(t)$ 和 $y_2(t)$，设位移均以向下为正，如图 3.39（a）所示。

由于梁式体系的刚度系数不易直接求出，因此宜从其柔度系数入手。取简支梁整个体

系为研究对象，作出其受到的所有外力，如图 3.39（b）所示。根据位移协调条件可得到质量 m_1 和 m_2 的位移协调方程：

$$\left.\begin{array}{l} y_1(t)=\delta_{11}\big[F_{I1}(t)+F_{P1}(t)\big]+\delta_{12}\big[F_{I2}(t)+F_{P2}(t)\big] \\ y_2(t)=\delta_{21}\big[F_{I1}(t)+F_{P1}(t)\big]+\delta_{22}\big[F_{I2}(t)+F_{P2}(t)\big] \end{array}\right\}$$

式中，δ_{ij} 为该多自由度体系的柔度系数，表示仅沿体系第 j 个自由度正方向施加单位荷载时引发结构沿第 i 个自由度正方向产生的静位移。

柔度系数可根据单位荷载法求出。首先作出单位荷载分别作用在截面1和截面2时的单位弯矩图 $\overline{M}_1$ 图和 $\overline{M}_2$ 图，分别如图 3.39（c）、图 3.39（d）所示，然后通过积分运算或图乘法计算得到体系的柔度系数：

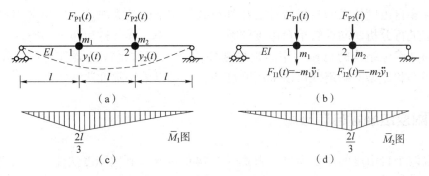

图 3.39

$$\delta_{11}=\frac{4l^3}{9EI};\quad \delta_{12}=\delta_{21}=\frac{7l^3}{18EI};\quad \delta_{22}=\frac{4l^3}{9EI}$$

将各数值代入位移方程中即可得到该体系的运动方程。

通过例 3.11 可以看出，在利用柔度法建立体系运动方程时，两自由度体系的运动方程仍然是由两个方程组成的线性微分方程组，写成矩阵的形式为

$$\begin{bmatrix} y_1 \\ y_2 \end{bmatrix}=\begin{bmatrix} \delta_{11} & \delta_{12} \\ \delta_{21} & \delta_{22} \end{bmatrix}\left(\begin{bmatrix} F_{P1}(t) \\ F_{P2}(t) \end{bmatrix}-\begin{bmatrix} m_1 & 0 \\ 0 & m_2 \end{bmatrix}\begin{bmatrix} \ddot{y}_1 \\ \ddot{y}_2 \end{bmatrix}\right) \tag{3.78}$$

因此，对于具有 n 个自由度的体系，用柔度法建立的无阻尼多自由度体系运动方程用向量的形式可表示为

$$\boldsymbol{Y}=\boldsymbol{\delta}(\boldsymbol{F}_{P}-\boldsymbol{M}\ddot{\boldsymbol{Y}}) \tag{3.79}$$

可进一步写为

$$\boldsymbol{M}\ddot{\boldsymbol{Y}}+\boldsymbol{\delta}^{-1}\boldsymbol{Y}=\boldsymbol{F}_{P} \tag{3.80}$$

式中，$\boldsymbol{M}=\begin{bmatrix} m_1 & 0 & \cdots & 0 \\ 0 & m_2 & \cdots & 0 \\ \vdots & \vdots & \ddots & \vdots \\ 0 & 0 & \cdots & m_n \end{bmatrix}$ 为质量矩阵；$\boldsymbol{\delta}=\begin{bmatrix} \delta_{11} & \delta_{12} & \cdots & \delta_{1n} \\ \delta_{21} & \delta_{22} & \cdots & \delta_{2n} \\ \vdots & \vdots & & \vdots \\ \delta_{n1} & \delta_{n2} & \cdots & \delta_{nn} \end{bmatrix}$ 为柔度矩阵。

如果考虑体系的阻尼，式（3.80）可写为

$$M\ddot{Y} + C\dot{Y} + \delta^{-1}Y = F_P \tag{3.81}$$

式中，C 为体系的阻尼矩阵，含义同式（3.77）中的阻尼矩阵。

对比式（3.77）和式（3.81）可以发现，用柔度法建立的多自由度体系的运动方程和用刚度法建立的多自由度体系的运动方程是相通的，并且刚度矩阵和柔度矩阵互为逆阵。但需要注意的是：对于多自由度体系来说，刚度系数和柔度系数并不互为倒数。

3.10　多自由度体系的自振频率和振型

欲探究多自由度体系的自振特性及在外荷载作用下的动力响应，需首先对其自振频率和振动形态进行分析。同求解单自由度体系的自振频率一样，这里也通过分析体系的无阻尼自由振动来确定结构的自振频率。根据建立多自由度体系运动方程时所选用方法的不同，自振频率和振型的确定既可以采用刚度法，也可以采用柔度法。

3.10.1　刚度法确定自振频率

首先以两个自由度的体系为例。由式（3.74）可知，利用刚度法建立的两自由度无阻尼体系的自由振动方程为

$$\left.\begin{array}{l} m_1\ddot{y}_1 + k_{11}y_1 + k_{12}y_2 = 0 \\ m_2\ddot{y}_2 + k_{21}y_1 + k_{22}y_2 = 0 \end{array}\right\} \tag{3.82}$$

单自由度无阻尼体系的自由振动为简谐振动，位移解的形式为 $y = \rho\sin(\omega t + \varphi)$，因此这里可假设两自由度无阻尼体系的自由振动也为简谐振动，且两个自由度均按相同自振圆频率 ω、相同初始相位角 α 作简谐振动，即具有以下形式的位移解：

$$\left.\begin{array}{l} y_1(t) = \varphi_1\sin(\omega t + \alpha) \\ y_2(t) = \varphi_2\sin(\omega t + \alpha) \end{array}\right\} \tag{3.83}$$

式中，φ_1 和 φ_2 为沿两个自由度方向的振动位移幅值。显然，当结构按照某一自振频率 ω 做自由振动时，尽管多自由度体系各自由度方向的位移在数值上随时间而变化，但是各自由度位移的比值始终保持不变，即变形形状保持不变：

$$\frac{y_1(t)}{y_2(t)} = \frac{\varphi_1}{\varphi_2} = 常数 \tag{3.84}$$

这种结构位移形状保持不变的振动形式称为多自由度体系的主振型，简称振型，$\boldsymbol{\varphi} = \begin{bmatrix} \varphi_1 \\ \varphi_2 \end{bmatrix}$ 则为两自由度体系的振型向量。

将式（3.83）代入式（3.82）中并消去公因子 $\sin(\omega t + \alpha)$ 可得

$$\left.\begin{array}{l} -\omega^2\varphi_1 m_1 + \varphi_1 k_{11} + \varphi_2 k_{12} = 0 \\ -\omega^2\varphi_2 m_2 + \varphi_1 k_{21} + \varphi_2 k_{22} = 0 \end{array}\right\} \tag{3.85}$$

或写成

$$\left(\begin{bmatrix} k_{11} & k_{12} \\ k_{21} & k_{22} \end{bmatrix} - \omega^2 \begin{bmatrix} m_1 & 0 \\ 0 & m_2 \end{bmatrix} \right) \begin{bmatrix} \varphi_1 \\ \varphi_2 \end{bmatrix} = 0 \tag{3.86}$$

式（3.86）为关于振型向量 $\boldsymbol{\varphi} = \begin{bmatrix} \varphi_1 \\ \varphi_2 \end{bmatrix}$ 的线性齐次方程组，因此常将其称为振型方程。

$\varphi_1 = \varphi_2 = 0$ 虽然是方程的解，但它相当于没有发生振动的静止状态，不是所要求的解答。为得到振动的非零解，根据线性代数知识可知应使系数行列式为零，即

$$\left| \begin{bmatrix} k_{11} & k_{12} \\ k_{21} & k_{22} \end{bmatrix} - \omega^2 \begin{bmatrix} m_1 & 0 \\ 0 & m_2 \end{bmatrix} \right| = 0 \tag{3.87}$$

或将上式展开：

$$\begin{vmatrix} k_{11} - \omega^2 m_1 & k_{12} \\ k_{21} & k_{22} - \omega^2 m_2 \end{vmatrix} = 0 \tag{3.88}$$

式（3.88）为用来确定结构自振频率 ω 的方程，因此常将其称为频率方程或特征方程。

将行列式展开后可得

$$(k_{11} - \omega^2 m_1)(k_{22} - \omega^2 m_2) - k_{12} k_{21} = 0 \tag{3.89}$$

进而得到关于 ω^2 的一元二次方程：

$$(\omega^2)^2 - \left(\frac{k_{11}}{m_1} + \frac{k_{22}}{m_2} \right) \omega^2 + \frac{k_{11} k_{22} - k_{12} k_{21}}{m_1 m_2} = 0 \tag{3.90}$$

求解式（3.90）可得两自由度体系的自振频率有两个根，为

$$(\omega^2)_{1,2} = \frac{1}{2} \left(\frac{k_{11}}{m_1} + \frac{k_{22}}{m_2} \right) \mp \sqrt{\frac{1}{4} \left(\frac{k_{11}}{m_1} + \frac{k_{22}}{m_2} \right)^2 - \frac{k_{11} k_{22} - k_{12} k_{21}}{m_1 m_2}} \tag{3.91}$$

可以证明这两个根都是正的。由此可见，具有两个自由度的体系共有两个自振频率。用 ω_1 表示其中最小的圆频率，称为第一阶自振圆频率，另一个圆频率 ω_2 称为第二阶自振圆频率。根据 $f = \dfrac{\omega}{2\pi}$ 可进一步求出体系的第一阶、第二阶自振频率 f_1 和 f_2，其中第一阶自振频率常称为结构的基本频率，简称基频。

【例 3.12】图 3.40 为双层框架结构，横梁刚性，不考虑杆件的轴向变形。立柱不计质量，高度 $l = 5$ m，$EI = 6.0 \times 10^6$ N·m^2，$m_1 = m_2 = 5\,000$ kg。求该体系的自振频率。

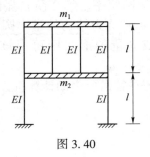

图 3.40

解： 由于横梁刚性，且不考虑杆件的轴向变形，因此该体系具有两个自由度，分别为

质量 m_1 和 m_2 的水平侧移 $y_1(t)$ 和 $y_2(t)$，设以向右为正。

先求出该体系的刚度系数：

$$k_{11}=4\times\frac{12EI}{l^3}=\frac{48EI}{l^3}; \quad k_{22}=6\times\frac{12EI}{l^3}=\frac{72EI}{l^3}; \quad k_{12}=k_{21}=-4\times\frac{12EI}{l^3}=-\frac{48EI}{l^3}$$

因此：

$$\frac{1}{2}\left(\frac{k_{11}}{m_1}+\frac{k_{22}}{m_2}\right)=\frac{1}{2}\times\left(\frac{48\times6\times10^6}{5\,000\times5^3}+\frac{72\times6\times10^6}{5\,000\times5^3}\right)=576$$

$$\frac{k_{11}k_{22}-k_{12}k_{21}}{m_1m_2}=\frac{(48\times72-48^2)\times6^2\times10^{12}}{5\,000^2\times5^3\times5^3}=1.062\times10^5$$

将上式代入式（3.91）即可得到该体系的两阶自振圆频率分别为

$$\omega_1=10.05\text{ rad/s}; \quad \omega_2=32.42\text{ rad/s}$$

进一步可得该体系的两阶自振频率分别为

$$f_1=1.671\text{ Hz}; \quad f_2=5.157\text{ Hz}$$

根据两自由度体系的分析可进一步推得具有 n 个自由度的多自由度体系的振型方程和频率方程分别如下：

$$\left(\begin{bmatrix} k_{11} & k_{12} & \cdots & k_{1n} \\ k_{21} & k_{22} & \cdots & k_{2n} \\ \vdots & \vdots & & \vdots \\ k_{n1} & k_{n2} & \cdots & k_{nn} \end{bmatrix}-\omega^2\begin{bmatrix} m_1 & 0 & \cdots & 0 \\ 0 & m_2 & \cdots & 0 \\ \vdots & \vdots & \ddots & \vdots \\ 0 & 0 & \cdots & m_n \end{bmatrix}\right)\begin{bmatrix} \varphi_1 \\ \varphi_2 \\ \vdots \\ \varphi_n \end{bmatrix}=0 \tag{3.92}$$

$$\begin{vmatrix} k_{11}-\omega^2m_1 & k_{12} & \cdots & k_{1n} \\ k_{21} & k_{22}-\omega^2m_2 & \cdots & k_{2n} \\ \vdots & \vdots & & \vdots \\ k_{n1} & k_{n2} & \cdots & k_{nn}-\omega^2m_n \end{vmatrix}=0 \tag{3.93}$$

或写成向量的形式分别为

$$(\boldsymbol{K}-\omega^2\boldsymbol{M})\boldsymbol{\varphi}=0 \tag{3.94}$$

$$|\boldsymbol{K}-\omega^2\boldsymbol{M}|=0 \tag{3.95}$$

式中，$\boldsymbol{\varphi}=[\varphi_1,\varphi_2,\cdots,\varphi_n]^{\mathrm{T}}$ 为 n 个自由度体系的振型向量。

容易看出，求解频率方程（3.93）可解得 n 个正实根 ω，因此具有 n 个自由度的体系，其自振圆频率的个数也为 n。将这 n 个正实根按从小到大的顺序排列并依次记为 ω_1，ω_2，$\cdots$，ω_n，分别称为第 1 阶自振圆频率、第 2 阶自振圆频率、$\cdots\cdots$、第 n 阶自振圆频率，其中数值最小的自振圆频率 ω_1 常称为结构的基本圆频率，简称基频。将所有的自振频率按从小到大的顺序排列写成向量的形式则可得该多自由度体系的频率向量 $\boldsymbol{\omega}=[\omega_1,\omega_2,\cdots,\omega_n]^{\mathrm{T}}$，其中 $\omega_1<\omega_2<\cdots<\omega_n$。

当自由度数较高时，频率方程往往需要借助计算机数值分析方法来求解，感兴趣的同学可以自行探索。

3.10.2 刚度法确定振型

一旦获得了多自由度体系的自振频率向量 $\boldsymbol{\omega}=[\omega_1,\omega_2,\cdots,\omega_n]^{\mathrm{T}}$，则可将每一阶自振圆

频率 ω_i 代入振型方程式（3.92）中计算多自由度体系的振型向量。本节仍然先讨论两个自由度的体系，然后再推广至 n 个自由度的体系。

具有两个自由度体系的振型方程参见式（3.86），将第 i 阶自振频率 ω_i 代入振型方程并将其展开后可得

$$\left.\begin{array}{c}(k_{11}-\omega_i^2 m_1)\varphi_{1i}+k_{12}\varphi_{2i}=0\\k_{21}\varphi_{1i}+(k_{22}-\omega_i^2 m_2)\varphi_{2i}=0\end{array}\right\}\tag{3.96}$$

式中，φ_{1i} 和 φ_{2i} 分别表示体系以第 i 阶自振圆频率振动时沿第 1 个自由度方向和第 2 个自由度方向的振幅。

先将第 1 阶自振频率 ω_1 代入式（3.96）。由于行列式的值为 0，方程组中的两个方程是线性相关的，即实际上只有一个独立的方程，因此通过式（3.96）无法求解出 φ_{11} 和 φ_{21} 的具体数值。但是通过式（3.96）可同时求得比值 $\varphi_{21}/\varphi_{11}$：

$$\frac{\varphi_{21}}{\varphi_{11}}=-\frac{k_{11}-\omega_1^2 m_1}{k_{12}}\tag{3.97}$$

$$\frac{\varphi_{21}}{\varphi_{11}}=-\frac{k_{21}}{k_{22}-\omega_1^2 m_2}\tag{3.98}$$

由于振型方程的系数行列式为 0，以上两式所得的比值 $\varphi_{21}/\varphi_{11}$ 是完全相等的，在实际求解时任意选取其一即可。

同理，将 ω_2 代入式（3.96）可以求得比值 $\varphi_{22}/\varphi_{12}$：

$$\frac{\varphi_{22}}{\varphi_{12}}=-\frac{k_{11}-\omega_2^2 m_1}{k_{12}}\quad\text{或}\quad\frac{\varphi_{22}}{\varphi_{12}}=-\frac{k_{21}}{k_{22}-\omega_2^2 m_2}\tag{3.99}$$

因此，两自由度体系的振型向量可统一写为

$$\boldsymbol{\varphi}_i=\begin{bmatrix}\varphi_{1i}\\\varphi_{2i}\end{bmatrix}=\begin{bmatrix}\varphi_{1i}\\-\dfrac{k_{11}-\omega_i^2 m_1}{k_{12}}\varphi_{1i}\end{bmatrix}\quad\text{或}\quad\begin{bmatrix}\varphi_{1i}\\-\dfrac{k_{21}}{k_{22}-\omega_i^2 m_2}\varphi_{1i}\end{bmatrix}\quad(i=1,2)\tag{3.100}$$

当 $i=1$ 时，结构以自振频率 ω_1 发生自由振动，此时的振动形式是与第 1 阶自振频率 ω_1 相对应的振型，称为第 1 阶振型或基本振型；当结构以自振频率 ω_2 发生自由振动时，此时的振动形式是与第 2 阶自振频率 ω_2 相对应的振型，称为第 2 阶振型。

若以 φ_{1i} 为基准值，将振型向量的每一项均除以 φ_{1i}，则可得

$$\hat{\boldsymbol{\varphi}}_i=\begin{bmatrix}1\\-\dfrac{k_{11}-\omega_i^2 m_1}{k_{12}}\end{bmatrix}\quad\text{或}\quad\begin{bmatrix}1\\-\dfrac{k_{21}}{k_{22}-\omega_i^2 m_2}\end{bmatrix}\quad(i=1,2)\tag{3.101}$$

这种处理方式称为振型向量的规格化处理。振型向量的规格化处理方式很多，只要能够保持振动形状不变这一原则即可，常用的最简单可取的方法即为令第一个元素 $\varphi_{1i}=1$，处理后获得的振型向量 $\hat{\boldsymbol{\varphi}}_i$ 称为标准化振型。

【例 3.13】 求例 3.12 中双层框架体系的振型向量，所有参数同例 3.12。

解： 由例 3.12 可知该体系的两阶自振频率分别为

$$\omega_1=10.05\ \text{rad/s};\omega_2=32.42\ \text{rad/s},$$

又知其刚度系数分别为

$$k_{11} = \frac{48EI}{l^3}; \quad k_{12} = k_{21} = -\frac{48EI}{l^3}; \quad k_{22} = \frac{72EI}{l^3}$$

将以上参数代入式（3.101）即可解得标准化振型如下：

第 1 阶振型：$\hat{\boldsymbol{\varphi}}_1 = \begin{bmatrix} 1 \\ 0.780\,8 \end{bmatrix}$

第 2 阶振型：$\hat{\boldsymbol{\varphi}}_2 = \begin{bmatrix} 1 \\ -1.280\,9 \end{bmatrix}$

上面求出的两阶振型如图 3.41 所示。

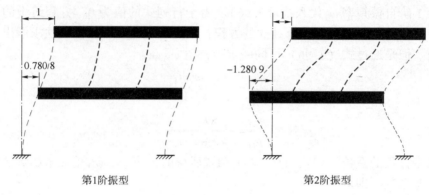

第1阶振型　　　　　　　　　　第2阶振型

图 3.41

以此类推可知，具有 n 个自由度的体系不仅具有 n 阶自振频率，还具有与自振频率相对应的 n 阶振型。对应每阶自振频率 ω_i，振型方程可展开为

$$\begin{bmatrix} k_{11}-\omega_i^2 m_1 & k_{12} & \cdots & k_{1n} \\ k_{21} & k_{22}-\omega_i^2 m_2 & \cdots & k_{2n} \\ \vdots & \vdots & & \vdots \\ k_{n1} & k_{n2} & \cdots & k_{nn}-\omega_i^2 m_n \end{bmatrix} \begin{bmatrix} \varphi_{1i} \\ \varphi_{2i} \\ \vdots \\ \varphi_{ni} \end{bmatrix} = 0 \tag{3.102}$$

式中，$\begin{bmatrix} \varphi_{1i} \\ \varphi_{2i} \\ \vdots \\ \varphi_{ni} \end{bmatrix}$ 称为对应第 i 阶自振频率的振型向量 $\boldsymbol{\varphi}_i$，元素 $\varphi_{ji}(j=1,2,\cdots,n)$ 表示结构以第 i

阶自振频率振动时，沿第 j 个自由度方向的位移幅值。

与两自由度体系相似，对应第 i 阶自振频率的 n 个方程中，只有 $n-1$ 个是独立的，虽然无法得到 $\varphi_{ji}(j=1,2,\cdots,n)$ 的确定值，但是可以确定沿自由度方向振幅之间的相对比值。若以振型向量的第一个元素 φ_{1i} 为基准值，通过规格化处理可得到多自由度体系的标准化振型：

$$\hat{\boldsymbol{\varphi}}_i = \begin{bmatrix} 1 \\ \hat{\varphi}_{2i} \\ \hat{\varphi}_{3i} \\ \vdots \\ \hat{\varphi}_{ni} \end{bmatrix} = \begin{bmatrix} 1 \\ \varphi_{2i}/\varphi_{1i} \\ \varphi_{3i}/\varphi_{1i} \\ \vdots \\ \varphi_{ni}/\varphi_{1i} \end{bmatrix} \tag{3.103}$$

标准化振型反映出多自由度体系振型的幅值虽然是任意的，但是振动的形状是唯一的。若将多自由度体系的所有振型向量写成一个大矩阵，则可得规格化后的主振型矩阵为

$$\boldsymbol{\Phi} = [\hat{\boldsymbol{\varphi}}_1, \hat{\boldsymbol{\varphi}}_2, \hat{\boldsymbol{\varphi}}_3, \cdots, \hat{\boldsymbol{\varphi}}_n] = \begin{bmatrix} 1 & 1 & 1 & \cdots & 1 \\ \hat{\varphi}_{21} & \hat{\varphi}_{22} & \hat{\varphi}_{23} & \cdots & \hat{\varphi}_{2n} \\ \hat{\varphi}_{31} & \hat{\varphi}_{32} & \hat{\varphi}_{33} & \cdots & \hat{\varphi}_{3n} \\ \vdots & \vdots & \vdots & & \vdots \\ \hat{\varphi}_{n1} & \hat{\varphi}_{n2} & \hat{\varphi}_{n3} & \cdots & \hat{\varphi}_{nn} \end{bmatrix} \tag{3.104}$$

其中，第 1 列对应第 1 阶自振频率，第 2 列对应第 2 阶自振频率，依次类推，第 n 列对应第 n 阶自振频率。

结构自振频率和振型只与结构的质量、刚度、柔度等自身特性有关，是结构本身所固有的两个动力特性，在动力学分析和计算中具有非常重要的作用。

3.10.3 柔度法确定自振频率和振型

前面两节主要讨论了利用刚度法确定体系的自振频率和振型，当体系的刚度系数不容易求解而柔度系数相对容易计算时，则可利用柔度法确定其自振频率和振型。

仍首先以两自由度体系为例。由式（3-78）可知，利用柔度法建立的两自由度无阻尼体系自由振动方程为

$$\left. \begin{aligned} y_1(t) = -m_1 \ddot{y}_1(t)\delta_{11} - m_2 \ddot{y}_2(t)\delta_{12} \\ y_2(t) = -m_1 \ddot{y}_1(t)\delta_{21} - m_2 \ddot{y}_2(t)\delta_{22} \end{aligned} \right\} \tag{3.105}$$

式中，δ_{ij} 为体系的柔度系数，表示沿第 j 个自由度方向对体系施加单位荷载时，第 i 个自由度方向所产生的位移。

同刚度法一样，仍设该两自由度体系位移解具有以下形式：$y_1(t) = \varphi_1 \sin(\omega t + \alpha)$ 和 $y_2(t) = \varphi_2 \sin(\omega t + \alpha)$，将其代入式（3.105）并消去两边公因子 $\sin(\omega t + \alpha)$ 可得

$$\left. \begin{aligned} \varphi_1 = (\omega^2 m_1 \varphi_1)\delta_{11} + (\omega^2 m_2 \varphi_2)\delta_{12} \\ \varphi_2 = (\omega^2 m_1 \varphi_1)\delta_{21} + (\omega^2 m_2 \varphi_2)\delta_{22} \end{aligned} \right\} \tag{3.106}$$

可进一步写为

$$\left. \begin{aligned} \left(\delta_{11} m_1 - \frac{1}{\omega^2}\right)\varphi_1 + \delta_{12} m_2 \varphi_2 = 0 \\ \delta_{21} m_1 \varphi_1 + \left(\delta_{22} m_2 - \frac{1}{\omega^2}\right)\varphi_2 = 0 \end{aligned} \right\} \tag{3.107}$$

这就是用柔度法表示的两自由度体系的振型方程。

为了得到 φ_1 和 φ_2 不全为零的解，应使系数行列式等于零，即

$$\begin{vmatrix} \delta_{11} m_1 - \dfrac{1}{\omega^2} & \delta_{12} m_2 \\[2mm] \delta_{21} m_1 & \delta_{22} m_2 - \dfrac{1}{\omega^2} \end{vmatrix} = 0 \tag{3.108}$$

这就是用柔度法表示的两自由度体系的频率方程或特征方程，由它可求解出自振频率 ω。

设

$$\lambda = \frac{1}{\omega^2}$$

则代入式（3.108）并将行列式展开得

$$\lambda^2 - (\delta_{11}m_1 + \delta_{22}m_2)\lambda + (\delta_{11}\delta_{22} - \delta_{12}^2)m_1 m_2 = 0 \qquad (3.109)$$

这是一个关于 λ 的一元二次方程，求解此方程可得两个根：

$$\left.\begin{aligned}
\lambda_1 &= \frac{(\delta_{11}m_1 + \delta_{22}m_2) + \sqrt{(\delta_{11}m_1 + \delta_{22}m_2)^2 - 4(\delta_{11}\delta_{22} - \delta_{12}^2)m_1 m_2}}{2} \\
\lambda_2 &= \frac{(\delta_{11}m_1 + \delta_{22}m_2) - \sqrt{(\delta_{11}m_1 + \delta_{22}m_2)^2 - 4(\delta_{11}\delta_{22} - \delta_{12}^2)m_1 m_2}}{2}
\end{aligned}\right\} \qquad (3.110)$$

于是可得体系的两阶自振圆频率分别为

$$\omega_1 = \frac{1}{\sqrt{\lambda_1}}; \quad \omega_2 = \frac{1}{\sqrt{\lambda_2}} \qquad (3.111)$$

分别将 ω_1 和 ω_2 代入振型方程式（3.107），可得两自由度体系标准化振型向量的计算式：

$$\hat{\varphi}_i = \begin{bmatrix} 1 \\ -\dfrac{\delta_{11}m_1 - \lambda_i}{\delta_{12}m_2} \end{bmatrix} \quad \text{或} \quad \begin{bmatrix} 1 \\ -\dfrac{\delta_{21}m_1}{\delta_{22}m_2 - \lambda_i} \end{bmatrix} \quad (i = 1, 2) \qquad (3.112)$$

例如，对于例 3.11 中具有两个自由度的简支梁体系，由于其柔度系数容易求解，因此可采用柔度法根据以上公式计算出其两阶振型，大致形状如图 3.42 所示。

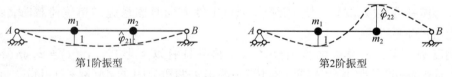

第1阶振型　　　　　　　　　　　第2阶振型

图 3.42

采用同样的思路可推导具有 n 个自由度的体系的自振频率和振型。根据式（3.79）可知，利用柔度法建立的多自由度结构体系无阻尼自由振动方程为

$$\boldsymbol{Y} + \boldsymbol{\delta}\boldsymbol{M}\ddot{\boldsymbol{Y}} = \boldsymbol{0} \qquad (3.113)$$

式中，$\boldsymbol{\delta} = \begin{bmatrix} \delta_{11} & \delta_{12} & \cdots & \delta_{1n} \\ \delta_{21} & \delta_{22} & \cdots & \delta_{2n} \\ \vdots & \vdots & & \vdots \\ \delta_{n1} & \delta_{n2} & \cdots & \delta_{nn} \end{bmatrix}$ 为柔度矩阵，其元素 δ_{ij} 为柔度系数。

设体系位移解的形式为 $y_i(t) = \varphi_i \sin(\omega t + \alpha)$（$i = 1, 2, 3, \cdots, n$），将其代入到式（3.113）中，两边消去 $\sin(\omega t + \alpha)$ 可得

$$\omega^2 \boldsymbol{\delta}\boldsymbol{M}\boldsymbol{\varphi} - \boldsymbol{\varphi} = \boldsymbol{0} \qquad (3.114)$$

式中，$\boldsymbol{\varphi} = [\varphi_1, \varphi_2, \cdots, \varphi_n]^{\mathrm{T}}$ 为振型向量。

令 $\lambda = \dfrac{1}{\omega^2}$，代入式（3.114），同时引入单位矩阵 $\boldsymbol{I}$，可得

$$(\boldsymbol{\delta M} - \lambda \boldsymbol{I})\boldsymbol{\varphi} = \boldsymbol{0} \tag{3.115}$$

这是一个关于振型向量的齐次线性代数方程组，即用柔度法建立的<u>振型方程</u>。显然，为了使振型方程具有非零解，其系数行列式必须等于零，即

$$|\boldsymbol{\delta M} - \lambda \boldsymbol{I}| = 0 \tag{3.116}$$

将其展开后可得

$$\begin{vmatrix} \delta_{11}m_1 - \lambda & \delta_{12}m_2 & \cdots & \delta_{1n}m_n \\ \delta_{21}m_1 & \delta_{22}m_2 - \lambda & \cdots & \delta_{2n}m_n \\ \vdots & \vdots & & \vdots \\ \delta_{n1}m_1 & \delta_{n2}m_2 & \cdots & \delta_{nn}m_n - \lambda \end{vmatrix} = 0 \tag{3.117}$$

这就是用柔度法建立的<u>频率方程或特征方程</u>，由此可求解得到 n 个根 λ_1，λ_2，$\cdots$，λ_n，进而得到 n 个自振圆频率 ω_1，ω_2，$\cdots$，ω_n。

将求出的自振频率代入到振型方程式（3.115）中即可求解得到对应每个自振圆频率 ω_i 的振型向量 $\boldsymbol{\varphi}_i = [\varphi_{1i}, \varphi_{2i}, \cdots, \varphi_{ni}]^{\mathrm{T}}$。振型的规格化方法同刚度法，此处不再赘述。

3.10.4 工程举例

对于自由度数目较多的多自由度体系，不能再仅仅依靠手算来计算其自振频率和振型，此时需要借助现代化的计算机建模技术及快速数值分析方法来完成，这是智慧建造技术和智能建造时代的必然发展趋势。

以南京大胜关长江大桥为例（见图 3.43），它是中国江苏省南京市境内一座跨长江的高速铁路桥梁工程，是京沪高速铁路的控制性工程之一。主桥长 1 615 m，跨度布置如图 3.44（a）所示，为 108 m+192 m+336 m+336 m+192 m+108 m，其中主跨为 2×336 m 的钢桁架拱结构。南京大胜关长江大桥可同时行驶 3 种速度完全不同的列车：京沪高速铁路旅客列车（300 km/h）、客货共线的沪汉蓉快速客运通道旅客列车（160~200 km/h）、南京地铁 S3 号线地铁列车（80 km/h），如图 3.44（b）所示。

图 3.43

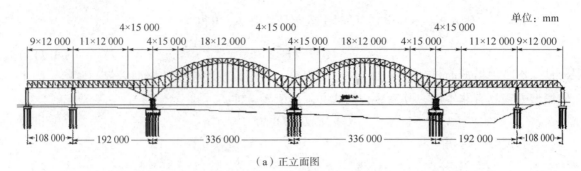

（a）正立面图

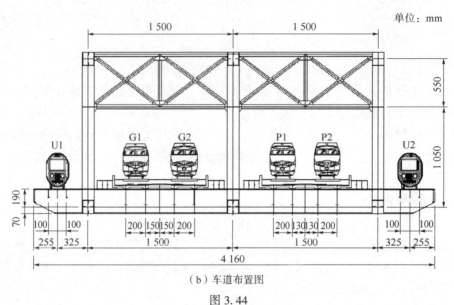

（b）车道布置图

图 3.44

从结构动力学分析的角度，这是一个复杂的多自由度体系，在进行结构的动力响应分析之前首先需要做的就是对其自振频率、振型进行建模计算和分析。此时由于自由度数量巨大，只能采用有限元等计算机数值方法进行建模和分析。图 3.45 示出的则为采用有限元数值方法建立的大桥数值分析模型。

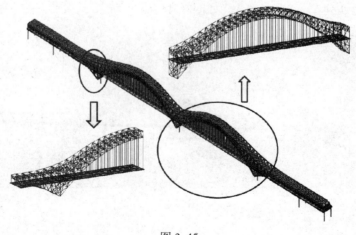

图 3.45

通过对南京大胜关长江大桥的计算机数值分析，可得到该体系的自振频率和振型。表 3.2 给出了其前 10 阶自振频率，图 3.46 则示出了对应的前 5 阶振型。

阶数	自振频率/Hz
1	0.342 5
2	0.378 1
3	0.410 0
4	0.596 8
5	0.629 0
6	0.664 1
7	0.671 7
8	0.738 7
9	0.804 8
10	0.828 1

表 3.2　南京大胜关长江大桥的前 10 阶自振频率

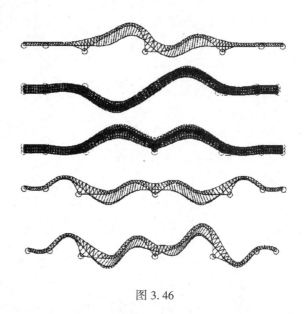

图 3.46

3.11　多自由度体系位移解表达式

仍以无阻尼自由振动为例，由 3.10 节可知，无阻尼多自由度体系自由振动的任何一个特解都可以表示为

$$y_i(t) = \boldsymbol{\varphi}_i \sin(\omega_i t + \alpha_i) \tag{3.118}$$

式中，ω_i 为体系的第 i 阶自振频率，$\boldsymbol{\varphi}_i$ 为对应第 i 阶自振频率的第 i 阶振型向量，$y_i(t)$ 为对应第 i 阶自振频率的位移向量。

对于具有 n 个自由度的体系，式（3.118）所示的特解共有 n 个。这 n 个解的线性组合仍是原方程的解，因此运动方程的通解为

$$\boldsymbol{Y}(t) = \sum_{i=1}^{n} C_i \boldsymbol{\varphi}_i \sin(\omega_i t + \alpha_i) \tag{3.119}$$

令

$$\eta_i = C_i \sin(\omega_i t + \alpha_i) \tag{3.120}$$

则运动方程的通解可进一步写为

$$\boldsymbol{Y} = \sum_{i=1}^{n} \eta_i \boldsymbol{\varphi}_i = \eta_1 \boldsymbol{\varphi}_1 + \eta_2 \boldsymbol{\varphi}_2 + \cdots + \eta_n \boldsymbol{\varphi}_n \tag{3.121}$$

式中，η_1，η_2，$\cdots$，η_n 为常数，称为位移响应解的广义坐标。由于广义坐标为常数，因此位移分解式中的 $\boldsymbol{\varphi}_1$，$\boldsymbol{\varphi}_2$，$\cdots$，$\boldsymbol{\varphi}_n$ 可直接采用标准化振型。在本书后面的章节中统一将标准化振型简称为振型，在表达方式中也去掉符号上方的"^"。

由此可见，体系的位移可以分解为各阶振型的线性组合，如图 3.47 所示的三自由度

体系，其位移通解可表示为

$$\boldsymbol{Y}=\boldsymbol{Y}_1+\boldsymbol{Y}_2+\boldsymbol{Y}_3=\begin{bmatrix}y_{11}\\y_{21}\\y_{31}\end{bmatrix}+\begin{bmatrix}y_{12}\\y_{22}\\y_{32}\end{bmatrix}+\begin{bmatrix}y_{13}\\y_{23}\\y_{33}\end{bmatrix}=\eta_1\begin{bmatrix}\varphi_{11}\\\varphi_{21}\\\varphi_{31}\end{bmatrix}+\eta_2\begin{bmatrix}\varphi_{12}\\\varphi_{22}\\\varphi_{32}\end{bmatrix}+\eta_3\begin{bmatrix}\varphi_{13}\\\varphi_{23}\\\varphi_{33}\end{bmatrix}=\sum_{i=1}^{3}\boldsymbol{\eta}_i\boldsymbol{\varphi}_i$$

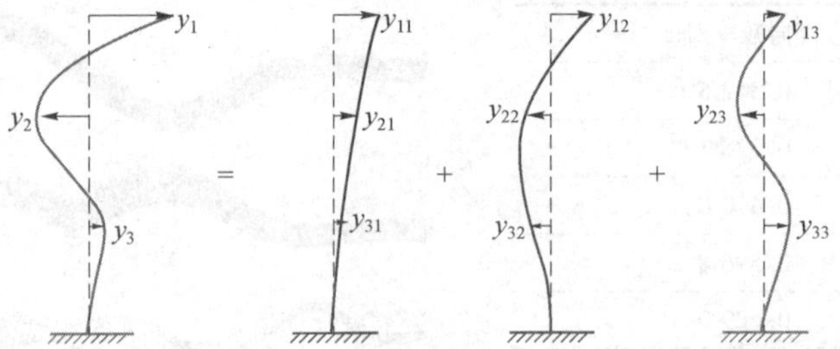

y1
y2
y3
=
y11
y21
y31
+
y12
y22
y32
+
y13
y23
y33

图 3.47

式（3.121）还可以写成向量的形式：

$$\boldsymbol{Y}=\boldsymbol{\Phi}\boldsymbol{\eta} \tag{3.122}$$

式中，$\boldsymbol{\eta}$ 为广义坐标向量，$\boldsymbol{\eta}=[\eta_1,\eta_2,\cdots,\eta_n]^{\mathrm{T}}$，$\boldsymbol{\Phi}$ 为体系各阶振型组成的振型矩阵。

当体系已知时，振型向量则可确定，只要再求出体系的广义坐标向量，就可根据式（3.121）或式（3.122）通过线性组合确定多自由度体系的位移响应解。

3.12 振型的正交性及其应用

3.12.1 振型的正交性

对于具有 n 个自由度的体系，通常具有 n 阶自振频率及 n 阶主振型（以下简称振型），本节将重点探讨多自由度体系各振型向量之间的关系。

由前面几节可知第 i 阶自振频率对应的振型方程为

$$(\boldsymbol{K}-\omega_i^2\boldsymbol{M})\boldsymbol{\varphi}_i=0 \tag{3.123}$$

将其展开后可得

$$\boldsymbol{K}\boldsymbol{\varphi}_i=\omega_i^2\boldsymbol{M}\boldsymbol{\varphi}_i \tag{3.124}$$

在式（3.124）的两边同时左乘 $\boldsymbol{\varphi}_j^{\mathrm{T}}$，可得

$$\boldsymbol{\varphi}_j^{\mathrm{T}}\boldsymbol{K}\boldsymbol{\varphi}_i=\omega_i^2\boldsymbol{\varphi}_j^{\mathrm{T}}\boldsymbol{M}\boldsymbol{\varphi}_i \tag{3.125}$$

同理可得，第 j 阶自振频率对应的振型方程为

$$\boldsymbol{K}\boldsymbol{\varphi}_j=\omega_j^2\boldsymbol{M}\boldsymbol{\varphi}_j \tag{3.126}$$

在式（3.126）的两边同时左乘 $\boldsymbol{\varphi}_i^{\mathrm{T}}$，可得

$$\boldsymbol{\varphi}_i^{\mathrm{T}}\boldsymbol{K}\boldsymbol{\varphi}_j=\omega_j^2\boldsymbol{\varphi}_i^{\mathrm{T}}\boldsymbol{M}\boldsymbol{\varphi}_j \tag{3.127}$$

对式（3.127）的两边同时进行转置，由于 $\boldsymbol{K}$ 和 $\boldsymbol{M}$ 均为对称矩阵，故 $\boldsymbol{K}^{\mathrm{T}}=\boldsymbol{K}$ 和 $\boldsymbol{M}^{\mathrm{T}}=\boldsymbol{M}$，

则可得

$$\boldsymbol{\varphi}_j^{\mathrm{T}} \boldsymbol{K} \boldsymbol{\varphi}_i = \omega_i^2 \, \boldsymbol{\varphi}_j^{\mathrm{T}} \boldsymbol{M} \boldsymbol{\varphi}_i \tag{3.128}$$

对比式（3.125）和式（3.128），可得

$$(\omega_i^2 - \omega_j^2) \boldsymbol{\varphi}_j^{\mathrm{T}} \boldsymbol{M} \boldsymbol{\varphi}_i = 0 \tag{3.129}$$

当 $i \neq j$ 时，$\omega_i \neq \omega_j$，可得

$$\boldsymbol{\varphi}_j^{\mathrm{T}} \boldsymbol{M} \boldsymbol{\varphi}_i = 0 \, (i \neq j) \tag{3.130}$$

同理可得

$$\boldsymbol{\varphi}_j^{\mathrm{T}} \boldsymbol{K} \boldsymbol{\varphi}_i = 0 \, (i \neq j) \tag{3.131}$$

根据矩阵正交的概念可知，对应不同自振频率的两个振型向量关于质量矩阵 $\boldsymbol{M}$ 和刚度矩阵 $\boldsymbol{K}$ 均正交，此即振型向量的正交性，是结构本身固有的特性。关于质量矩阵 $\boldsymbol{M}$ 的正交，常称为振型的第一正交条件。关于刚度矩阵 $\boldsymbol{K}$ 的正交，常称为振型的第二正交条件。

多自由度体系振型之间的正交性也可从物理意义上进行解释：振型关于质量矩阵 $\boldsymbol{M}$ 正交的物理含义为第 i 阶振型的惯性力在经历第 j 阶振型位移时所做的虚功等于零，即相应于某一主振型的惯性力不会在其他主振型上做功；而振型关于刚度矩阵 $\boldsymbol{K}$ 正交的物理含义则是与第 i 阶振型位移有关的等效静力在经历第 j 阶振型位移时所做的虚功等于零，即相应于某一主振型的弹性力不会在其他主振型上做功。

3.12.2　振型正交性的应用

1. 检验所求振型是否正确

例如为检查例 3.13 中的振型是否正确，由于

$$\hat{\boldsymbol{\varphi}}_1^{\mathrm{T}} \boldsymbol{M} \, \hat{\boldsymbol{\varphi}}_2 = [1, \, 0.7808] \begin{bmatrix} 1 & 0 \\ 0 & 1 \end{bmatrix} m_1 \begin{bmatrix} 1 \\ -1.280\,9 \end{bmatrix} = 0.000\,127 m_1 \approx 0 (\text{相对于} \, m_1)$$

或者

$$\hat{\boldsymbol{\varphi}}_1^{\mathrm{T}} \boldsymbol{K} \, \hat{\boldsymbol{\varphi}}_2 = [1, 0.780\,8] \begin{bmatrix} 48 & -48 \\ -48 & 72 \end{bmatrix} \frac{EI}{l^3} \begin{bmatrix} 1 \\ -1.280\,9 \end{bmatrix} = 0.004\,324 \frac{EI}{l^3} \approx 0 (\text{相对于} \, \frac{EI}{l^3})$$

故该振型满足正交条件，可认为其是正确的。

2. 利用已知振型计算其他振型

对具有 n 个自由度的体系，如果已知 $n-1$ 个振型，可求未知的振型。

以 3 个自由度的体系为例，已知前 2 阶振型分别为：$\boldsymbol{\varphi}_1 = [1, \varphi_{21}, \varphi_{31}]^{\mathrm{T}}$ 和 $\boldsymbol{\varphi}_2 = [1, \varphi_{22}, \varphi_{32}]^{\mathrm{T}}$。设未知的第 3 阶振型为 $\boldsymbol{\varphi}_3 = [1, \varphi_{23}, \varphi_{33}]^{\mathrm{T}}$，则由振型正交条件 $\boldsymbol{\varphi}_1^{\mathrm{T}} \boldsymbol{M} \boldsymbol{\varphi}_3 = 0$ 和 $\boldsymbol{\varphi}_2^{\mathrm{T}} \boldsymbol{M} \boldsymbol{\varphi}_3 = 0$ 可得

$$\left. \begin{array}{l} [1, \varphi_{21}, \varphi_{31}] \begin{bmatrix} m_1 & 0 & 0 \\ 0 & m_2 & 0 \\ 0 & 0 & m_3 \end{bmatrix} \begin{bmatrix} 1 \\ \varphi_{23} \\ \varphi_{33} \end{bmatrix} = 0 \\[20pt] [1, \varphi_{22}, \varphi_{32}] \begin{bmatrix} m_1 & 0 & 0 \\ 0 & m_2 & 0 \\ 0 & 0 & m_3 \end{bmatrix} \begin{bmatrix} 1 \\ \varphi_{23} \\ \varphi_{33} \end{bmatrix} = 0 \end{array} \right\} \tag{3.132}$$

即

$$\begin{cases} m_1+\varphi_{21}\varphi_{23}m_2+\varphi_{31}\varphi_{33}m_3=0 \\ m_1+\varphi_{22}\varphi_{23}m_2+\varphi_{32}\varphi_{33}m_3=0 \end{cases} \tag{3.133}$$

解方程（3.133）即可求出第 3 阶振型。

3. 利用已知振型计算结构的自振频率

由于无阻尼自由振动运动方程的通解可写为

$$Y(t)=\sum_{i=1}^{n}C_i\boldsymbol{\varphi}_i\sin(\omega_i t+\alpha_i) \tag{3.134}$$

将该通解代入到结构的无阻尼自由振动方程 $\boldsymbol{M\ddot{Y}}+\boldsymbol{KY}=\boldsymbol{0}$ 中可得

$$-\boldsymbol{M}\sum_{i=1}^{n}C_i\omega_i^2\boldsymbol{\varphi}_i\sin(\omega_i t+\alpha_i)+\boldsymbol{K}\sum_{i=1}^{n}C_i\boldsymbol{\varphi}_i\sin(\omega_i t+\alpha_i)=0 \tag{3.135}$$

在式（3.135）的两边同时左乘 $\boldsymbol{\varphi}_j^{\mathrm{T}}$，则可得

$$-\sum_{i=1}^{n}C_i\omega_i^2\boldsymbol{\varphi}_j^{\mathrm{T}}\boldsymbol{M}\boldsymbol{\varphi}_i\sin(\omega_i t+\alpha_i)+\sum_{i=1}^{n}C_i\boldsymbol{\varphi}_j^{\mathrm{T}}\boldsymbol{K}\boldsymbol{\varphi}_i\sin(\omega_i t+\alpha_i)=0 \tag{3.136}$$

由振型正交条件 $\boldsymbol{\varphi}_j^{\mathrm{T}}\boldsymbol{M}\boldsymbol{\varphi}_i=0$（$i\neq j$）和 $\boldsymbol{\varphi}_j^{\mathrm{T}}\boldsymbol{K}\boldsymbol{\varphi}_i=0$（$i\neq j$）可将式（3.136）化简为

$$-\omega_j^2\boldsymbol{\varphi}_j^{\mathrm{T}}\boldsymbol{M}\boldsymbol{\varphi}_j+\boldsymbol{\varphi}_j^{\mathrm{T}}\boldsymbol{K}\boldsymbol{\varphi}_j=\boldsymbol{0} \tag{3.137}$$

进而可求出第 j 阶自振圆频率为

$$\omega_j^2=\frac{\boldsymbol{\varphi}_j^{\mathrm{T}}\boldsymbol{K}\boldsymbol{\varphi}_j}{\boldsymbol{\varphi}_j^{\mathrm{T}}\boldsymbol{M}\boldsymbol{\varphi}_j} \tag{3.138}$$

令

$$K_j^*=\boldsymbol{\varphi}_j^{\mathrm{T}}\boldsymbol{K}\boldsymbol{\varphi}_j$$
$$M_j^*=\boldsymbol{\varphi}_j^{\mathrm{T}}\boldsymbol{M}\boldsymbol{\varphi}_j$$

则第 j 阶自振频率可由下式计算：

$$\omega_j^2=\frac{K_j^*}{M_j^*} \tag{3.139}$$

式中，K_j^* 和 M_j^* 分别称为第 j 阶广义刚度和第 j 阶广义质量。

【例 3.14】 利用例 3.13 所求的振型求体系的自振频率。

解： 根据例 3.13，已知 $EI=6.0\times10^6$ N·m², $m_1=m_2=5\,000$ kg，$l=5$ m，且

$$\boldsymbol{M}=\begin{bmatrix}1 & 0 \\ 0 & 1\end{bmatrix}m_1;\quad \boldsymbol{K}=\frac{EI}{l^3}\begin{bmatrix}48 & -48 \\ -48 & 72\end{bmatrix};\quad \hat{\boldsymbol{\varphi}}_1=\begin{bmatrix}1 \\ 0.780\,8\end{bmatrix};\quad \hat{\boldsymbol{\varphi}}_2=\begin{bmatrix}1 \\ -1.280\,9\end{bmatrix}$$

则可分别计算出第 1 阶和第 2 阶广义质量：

$$M_1^*=\hat{\boldsymbol{\varphi}}_1^{\mathrm{T}}\boldsymbol{M}\hat{\boldsymbol{\varphi}}_1=[1,\ 0.780\,8]\begin{bmatrix}5\,000 & 0 \\ 0 & 5\,000\end{bmatrix}\begin{bmatrix}1 \\ 0.780\,8\end{bmatrix}=8\,048.2(\mathrm{kg})$$

$$M_2^*=\hat{\boldsymbol{\varphi}}_2^{\mathrm{T}}\boldsymbol{M}\hat{\boldsymbol{\varphi}}_2=[1,\ -1.280\,9]\begin{bmatrix}5\,000 & 0 \\ 0 & 5\,000\end{bmatrix}\begin{bmatrix}1 \\ -1.280\,9\end{bmatrix}=13\,203.5(\mathrm{kg})$$

则第 1 阶和第 2 阶广义刚度为

$$K_1^*=\hat{\boldsymbol{\varphi}}_1^{\mathrm{T}}\boldsymbol{K}\hat{\boldsymbol{\varphi}}_1=[1,\ 0.780\,8]\begin{bmatrix}48 & -48 \\ -48 & 72\end{bmatrix}\frac{6\times10^6}{5.0^3}\begin{bmatrix}1 \\ 0.780\,8\end{bmatrix}=80\,309(\mathrm{N/m})$$

$$K_2^*=\hat{\boldsymbol{\varphi}}_2^{\mathrm{T}}\boldsymbol{K}\hat{\boldsymbol{\varphi}}_2=[1,\ -1.280\,9]\begin{bmatrix}48 & -48 \\ -48 & 72\end{bmatrix}\frac{6\times10^6}{5.0^3}\begin{bmatrix}1 \\ -1.280\,9\end{bmatrix}=1.388\times10^7(\mathrm{N/m})$$

因此，结构的自振圆频率分别为

$$\omega_1 = \sqrt{\frac{K_1^*}{M_1^*}} = \sqrt{\frac{813\ 019}{8\ 048.2}} \approx 10.05(\text{rad/s})$$

$$\omega_2 = \sqrt{\frac{K_2^*}{M_2^*}} = \sqrt{\frac{1.388 \times 10^7}{13\ 203.5}} \approx 32.42(\text{rad/s})$$

4. 利用振型正交性进行位移的振型分解

由式（3.121）可知，体系的位移可以分解为各阶振型的线性组合，即 $\boldsymbol{Y} = \sum_{i=1}^{n} \eta_i \boldsymbol{\varphi}_i$。

在该式两边同时左乘 $\boldsymbol{\varphi}_j^{\mathrm{T}} \boldsymbol{M}$ 可得 $\boldsymbol{\varphi}_j^{\mathrm{T}} \boldsymbol{M} \boldsymbol{Y} = \boldsymbol{\varphi}_j^{\mathrm{T}} \boldsymbol{M} \sum_{i=1}^{n} \eta_i \boldsymbol{\varphi}_i$，利用振型的正交性可得

$$\boldsymbol{\varphi}_j^{\mathrm{T}} \boldsymbol{M} \boldsymbol{Y} = \eta_j \boldsymbol{\varphi}_j^{\mathrm{T}} \boldsymbol{M} \boldsymbol{\varphi}_j \tag{3.140}$$

因此可表示出第 j 阶振型的广义坐标：

$$\eta_j = \frac{\boldsymbol{\varphi}_j^{\mathrm{T}} \boldsymbol{M} \boldsymbol{Y}}{\boldsymbol{\varphi}_j^{\mathrm{T}} \boldsymbol{M} \boldsymbol{\varphi}_j} = \frac{\boldsymbol{\varphi}_j^{\mathrm{T}} \boldsymbol{M} \boldsymbol{Y}}{M_j^*} \tag{3.141}$$

利用该表达式可给出每一个振型幅值的广义坐标，进而可写出位移的振型分解式，这一过程称为广义坐标的离散。利用广义坐标对结构位移进行分解的分析过程与推导 Fourier 级数中的系数表达式类似，振型起着类似于 Fourier 级数中三角函数的作用，并且由于它们具有正交性这一特点，分解叠加得结构位移时取很少几项就能得到良好的近似。

【例3.15】已知体系的位移向量为 $\boldsymbol{Y} = \begin{bmatrix} 1 \\ 3 \\ 5 \end{bmatrix}$，质量矩阵为 $\boldsymbol{M} = \begin{bmatrix} 1 & 0 & 0 \\ 0 & 1.5 & 0 \\ 0 & 0 & 1.5 \end{bmatrix} m_1$，振型

矩阵为 $\boldsymbol{\Phi} = \begin{bmatrix} 1 & 1 & 1 \\ 2/3 & -2/3 & -3 \\ 1/3 & -2/3 & -4 \end{bmatrix}$。写出位移响应解的振型分解式。

解： 首先求解该体系的广义质量，进而利用式（3.141）求解广义坐标。

$$M_1^* = \boldsymbol{\varphi}_1^{\mathrm{T}} \boldsymbol{M} \boldsymbol{\varphi}_1 = [1, 2/3, 1/3] \begin{bmatrix} 1 & 0 & 0 \\ 0 & 1.5 & 0 \\ 0 & 0 & 1.5 \end{bmatrix} \begin{bmatrix} 1 \\ 2/3 \\ 1/3 \end{bmatrix} \times 180\ 000 = 33 \times 10^4 (\text{kg})$$

$$\boldsymbol{\varphi}_1^{\mathrm{T}} \boldsymbol{M} \boldsymbol{Y} = [1, 2/3, 1/3] \begin{bmatrix} 1 & 0 & 0 \\ 0 & 1.5 & 0 \\ 0 & 0 & 1.5 \end{bmatrix} \begin{bmatrix} 1 \\ 3 \\ 5 \end{bmatrix} \times 180\ 000 = 117 \times 10^4 (\text{kg} \cdot \text{mm})$$

因此有

$$\eta_1 = \frac{\boldsymbol{\varphi}_1^{\mathrm{T}} \boldsymbol{M} \boldsymbol{Y}}{M_1^*} = \frac{117 \times 10^4}{33 \times 10^4} = 3.545$$

同理可求

$$M_2^* = \boldsymbol{\varphi}_2^{\mathrm{T}} \boldsymbol{M} \boldsymbol{\varphi}_2 = 42 \times 10^4\ \text{kg}, \quad \boldsymbol{\varphi}_2^{\mathrm{T}} \boldsymbol{M} \boldsymbol{Y} = -126 \times 10^4\ \text{kg} \cdot \text{mm}$$

$$M_3^* = \boldsymbol{\varphi}_3^{\mathrm{T}} \boldsymbol{M} \boldsymbol{\varphi}_3 = 693 \times 10^4\ \text{kg}, \quad \boldsymbol{\varphi}_3^{\mathrm{T}} \boldsymbol{M} \boldsymbol{Y} = 315 \times 10^4\ \text{kg} \cdot \text{mm}$$

因此有

$$\eta_2 = \frac{\boldsymbol{\varphi}_2^{\mathrm{T}} \boldsymbol{MY}}{M_2^*} = \frac{-126 \times 10^4}{42 \times 10^4} = -3.0$$

$$\eta_3 = \frac{\boldsymbol{\varphi}_3^{\mathrm{T}} \boldsymbol{MY}}{M_3^*} = \frac{315 \times 10^4}{693 \times 10^4} = 0.4546$$

因此，位移向量 $\boldsymbol{Y}$ 的振型分解表达式可写为

$$\boldsymbol{Y} = \sum_{i=1}^{3} \eta_i \boldsymbol{\varphi}_i = 3.545 \begin{bmatrix} 1 \\ 2/3 \\ 1/3 \end{bmatrix} - 3.0 \begin{bmatrix} 1 \\ -2/3 \\ -2/3 \end{bmatrix} + 0.4546 \begin{bmatrix} 1 \\ -3 \\ 4 \end{bmatrix} \quad (\mathrm{mm})$$

3.13 多自由度无阻尼体系受迫振动分析

3.13.1 简谐荷载作用下的结构响应分析

1. 位移响应解

对于具有 n 个自由度的无阻尼多自由度体系，假设沿每个自由度方向作用在结构上的外荷载均为简谐荷载，且具有相同的激振频率和相位，则其运动方程可写为

$$\boldsymbol{M\ddot{Y}} + \boldsymbol{KY} = \boldsymbol{F}_0 \sin \theta t \tag{3.142}$$

式中，$\boldsymbol{F}_0$ 为简谐荷载的幅值向量，θ 为简谐荷载的激振频率。

根据单自由度体系受迫振动可知，当外激励为简谐荷载时，结构稳态振动阶段也作简谐振动，且具有和外激励相同的振动频率，因此可设多自由度体系稳态解的形式为

$$\boldsymbol{Y} = \boldsymbol{A} \sin \theta t \tag{3.143}$$

式中，$\boldsymbol{A}$ 为结构的位移幅值向量。

将式（3.143）代入式（3.142），整理后可得

$$\boldsymbol{A} = (\boldsymbol{K} - \theta^2 \boldsymbol{M})^{-1} \boldsymbol{F}_0 \tag{3.144}$$

因此，多自由度无阻尼体系的稳态解可表示为

$$\boldsymbol{Y} = (\boldsymbol{K} - \theta^2 \boldsymbol{M})^{-1} \boldsymbol{F}_0 \sin \theta t \tag{3.145}$$

由式（3.145）可明显看出，若系数矩阵的行列式为零，即 $|\boldsymbol{K} - \theta^2 \boldsymbol{M}| = 0$，则体系的响应为无穷大。又已知多自由度体系的频率方程为 $|\boldsymbol{K} - \omega^2 \boldsymbol{M}| = 0$，对比两个表达式可以发现，当简谐荷载的激振频率 θ 与结构的任一阶自振频率 ω_i 相等时，结构响应则为无穷大，此时即出现共振现象。实际上，结构由于存在阻尼，位移响应不会为无限大，但这对结构仍是很危险的，故应避免。

以两个自由度的结构为例，系数矩阵可展开为

$$\boldsymbol{K} - \theta^2 \boldsymbol{M} = \begin{bmatrix} k_{11} - \theta^2 m_1 & k_{12} \\ k_{21} & k_{22} - \theta^2 m_2 \end{bmatrix} \tag{3.146}$$

如果外荷载的激振频率 $\theta \neq \omega_i (i = 1, 2)$，则位移幅值向量可进一步表示为

$$\boldsymbol{A} = \begin{bmatrix} A_1 \\ A_2 \end{bmatrix} = \frac{1}{B_0} \begin{bmatrix} k_{22} - \theta^2 m_2 & -k_{12} \\ -k_{21} & k_{11} - \theta^2 m_1 \end{bmatrix} \begin{bmatrix} F_{01} \\ F_{02} \end{bmatrix} \tag{3.147}$$

式中，$B_0 = |\mathbf{K} - \theta^2 \mathbf{M}|$。

因此，两自由度无阻尼体系在简谐荷载作用下的位移一般解为

$$\mathbf{Y}(t) = \begin{bmatrix} y_1(t) \\ y_2(t) \end{bmatrix} = \frac{1}{B_0} \begin{bmatrix} k_{22}-\theta^2 m_2 & -k_{12} \\ -k_{21} & k_{11}-\theta^2 m_1 \end{bmatrix} \begin{bmatrix} F_{01} \\ F_{02} \end{bmatrix} \sin \theta t \qquad (3.148)$$

【例 3.16】对于如图 3.48 所示无重量简支梁，不考虑结构阻尼，梁体上有集中质量 1，质量大小记为 m_1，其上承受外部简谐荷载 $F_{01}\sin \theta t$。若在质量 1 处用刚度系数为 k' 的弹簧竖向悬挂集中质量 m_2（只允许其发生竖向位移），分别求解质量 1 和质量 2 的稳态位移响应。

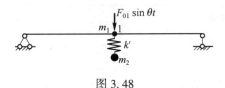

图 3.48

解： 该体系有两个自由度，分别为质量 m_1 和质量 m_2 的竖向位移，设位移以向下为正。

由于只有质量 1 承受外部简谐荷载，因此式（3.148）中的 $F_{02}=0$。图 3.48 所示的位移幅值向量可写为

$$\mathbf{A} = \begin{bmatrix} A_1 \\ A_2 \end{bmatrix} = \frac{1}{B_0} \begin{bmatrix} k_{22}-\theta^2 m_2 & -k_{12} \\ -k_{21} & k_{11}-\theta^2 m_1 \end{bmatrix} \begin{bmatrix} F_{01} \\ 0 \end{bmatrix}$$

进而可求出两个自由度的位移幅值分别为

$$A_1 = \frac{k_{22}-\theta^2 m_2}{B_0} F_{01} ; A_2 = \frac{-k_{21}}{B_0} F_{01}$$

因此质量 1 和质量 2 的稳态位移响应分别为

$$y_1 = \frac{k_{22}-\theta^2 m_2}{B_0} F_{01} \sin \theta t ; y_2 = \frac{-k_{21}}{B_0} F_{01} \sin \theta t$$

式中，k_{12} 和 k_{22} 分别为该体系的刚度系数，根据刚度系数的物理意义可得 $k_{22}=k'$ 和 $k_{21}=-k'$；

$$B_0 = \begin{vmatrix} k_{22}-\theta^2 m_2 & -k_{12} \\ -k_{21} & k_{11}-\theta^2 m_1 \end{vmatrix}。$$

2. 工程应用——调谐质量阻尼器

从例 3.16 可以发现，当某简支梁体系在主梁下方附加了质量-弹簧悬挂装置后，不仅使体系的自由度数目发生了变化，而且附加的悬挂装置也会对主梁结构的振动产生影响。下面将进一步讨论该质量-弹簧悬挂装置能否对主梁的振动起到控制作用。

欲降低简支梁梁体的过大振动，通过调整悬挂装置的参数使简支梁上集中质量 m_1 处的位移响应为零，是最佳振动控制状态。由例 3.16 中质量 m_1 的位移 $A_1 = \dfrac{k_{22}-\theta^2 m_2}{B_0} F_{01}$ 可知，欲使 $A_1=0$ 需要满足：

$$k_{22}-\theta^2 m_2 = 0$$

式中，k_{22} 为对应第 2 个自由度的刚度系数，取值等于例 3.16 中悬挂装置的刚度系数 k'。

由于该质量-弹簧悬挂装置的自振频率为 $\omega' = \sqrt{k'/m_2}$，因此当悬挂装置的自振频率等

于外荷载的激振频率（$\omega' = \theta$）时，简支梁的振动可以得到有效控制。

虽然这种质量-弹簧悬挂装置能起到振动控制作用，但是容易发现，它只适用于激振频率 θ 很稳定的情况。激振频率一旦不稳定，偏离质量-弹簧这一悬挂装置的固有频率，主质量的振幅可能不会减小，反而会出现急剧增大的现象。实际工程中，减振控制装置内常会同时设置阻尼器（见图 3.49），在减隔振装置的振动频率和主结构的低阶振动频率接近时会达到最优的减隔振效果。

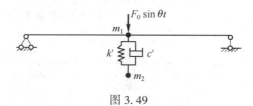

图 3.49

这种通过调整外部装置的自振频率从而对主结构起到减振控制作用的装置被称为调谐质量阻尼器（tuned mass damper，TMD），在工程中具有非常广泛的应用。该装置一般由质量块、弹簧、阻尼器等共同组成（见图 3.49 和图 3.50），通常支撑或悬挂在结构上，通过自身的振动及能量耗散大大减小主结构在地震荷载、风荷载、人行荷载等作用下的振动响应。

图 3.50

图 3.51 示出了楼梯、观众席、连廊、人行桥等工程设施中为控制结构的不利振动而采用的调谐质量阻尼器。为抵抗强台风，港珠澳大桥在主梁的内部也采用了高约 3 m、重达 4 t 以上的多组悬挂式调谐质量阻尼器，图 3.52 为其在实验室内进行的试验测试。

图 3.51

图 3.52

在高层或超高层建筑中，顶部区域的风速一般比地面大 5~6 级。为满足人们工作、生活、居住的舒适性，许多超高层建筑采用类似悬挂单摆的方式安装调谐质量阻尼器，以控制风致振动造成的结构晃动，如台北 101 大厦内的抗风阻尼器（见图 3.53）。

图 3.53

又例如，2017 年投入运营的上海中心大厦 ［见图 3.54 （a）］，位于常受强台风袭击的上海市，总高 632 m，高宽比较大，结构自振周期较长，接近风荷载的卓越周期，属于风敏感结构，在减振设计时采用的是具有我国自主知识产权的全球首个电涡流摆式调谐质量阻尼器——上海慧眼 ［见图 3.54 （b）］。该调谐质量阻尼器位于大楼的 125 层和 126 层（583 m 高），其质量块身形巨大，重达 1 000 t，是目前世界上最重的摆式阻尼器质量块。此外，上海中心大厦两侧还安装了上千斤的减振器，整体结构经受住了中心附近最大风力高达 14 级的 2021 年强台风"烟花"和 2024 年强台风"贝碧嘉"的来袭。

（a）   （b）

图 3.54

3.13.2　任意荷载作用下的结构响应分析——振型叠加法

当多自由度体系承受任意荷载时，其运动方程可写为 $M\ddot{Y}+KY=F_{\mathrm{p}}(t)$，这是一个 n 阶耦合方程组。根据位移向量是振型向量的线性组合这一性质可知 $Y=\sum_{i=1}^{n}\eta_i(t)\boldsymbol{\varphi}_i$，将其代入多自由度体系的运动方程后可得（注意振型不随时间变化）：

$$\sum_{i=1}^{n}\ddot{\eta}_i(t)M\boldsymbol{\varphi}_i + \sum_{i=1}^{n}\eta_i(t)K\boldsymbol{\varphi}_i = F(t) \tag{3.149}$$

式（3.149）两边同时乘以 $\boldsymbol{\varphi}_j^{\mathrm{T}}$，利用振型的正交性，可以化简为

$$M_j^*\ddot{\eta}_j(t)+K_j^*\eta_j(t)=F_j^*(t)\quad(j=1,2,\cdots,n) \tag{3.150}$$

式中，$F_j^*(t)=\boldsymbol{\varphi}_j^{\mathrm{T}}F(t)$ 称为广义荷载。

易看出，式（3.150）为一组互相独立的用广义坐标表示的单自由度体系运动方程。由 Duhamel 积分可以求解出零初始条件下每个广义坐标 η_j 的响应为

$$\eta_j(t)=\int_0^t\frac{F_j^*(\tau)}{M_j^*\omega_j}\sin\left[\omega_j(t-\tau)\right]\mathrm{d}\tau\quad(j=1,2,\cdots,n) \tag{3.151}$$

因此，具有 n 个自由度的结构在任意荷载作用下的位移响应可通过 $Y=\sum_{i=1}^{n}\eta_i(t)\boldsymbol{\varphi}_i$ 求出。利用振型正交性将多自由度体系的 n 阶耦合方程组转换成 n 个相互独立的单自由度体系运动方程，然后分别求解每一个广义坐标的反应，最后按位移响应的叠加表达式得出用原始几何坐标表示的位移反应，这种方法称为振型叠加法。

利用振型叠加法求解线弹性多自由度体系动力反应的步骤可总结如下：

（1）建立运动方程，确定结构的各阶自振频率 ω_j 及对应的振型向量 $\boldsymbol{\varphi}_j$；

（2）利用振型正交性将多自由度体系的 n 阶耦合方程组转换成 n 个相互独立的用广义坐标 $\boldsymbol{\eta}_j$ 表示的单自由度体系运动方程；

（3）计算广义质量 M_j^* 和广义荷载 F_j^*；

（4）由 Duhamel 积分求解每个振型广义坐标 $\boldsymbol{\eta}_j$ 的动力响应；

（5）利用振型向量的线性叠加计算多自由体系在几何坐标中的位移响应。

【例 3.17】某跨度为 l 的无重量简支梁上有 2 个集中质量，质量分别为 m_1 和 m_2，如图 3.55 所示，求该结构在质量 2 处受突加荷载作用时的质量 1 和质量 2 的位移响应。已知简支梁杆件 EI 为常数，$m_1 = m_2 = m$，突加荷载 $F_P(t) = \begin{cases} 0, & t<0 \\ F_0, & t>0 \end{cases}$。

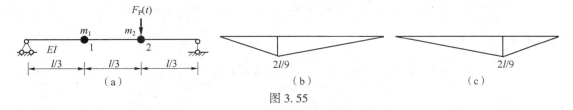

图 3.55

解： 该体系具有两个自由度，分别为质量 m_1 和 m_2 的竖向位移，方向以向下为正。

（1）确定体系的各阶自振频率和振型向量

分别作出单位荷载作用于质量 1 和质量 2 处的单位弯矩图，分别如图 3.55（b）、图 3.55（c）所示，通过单位荷载法即可求出该结构的柔度系数：

$$\delta_{11} = \delta_{22} = \frac{4l^3}{243EI}; \quad \delta_{12} = \delta_{21} = \frac{7l^3}{486EI}$$

将其代入两自由度体系的频率方程 $\begin{vmatrix} \delta_{11}m_1 - \lambda & \delta_{12}m_2 \\ \delta_{21}m_1 & \delta_{22}m_2 - \lambda \end{vmatrix} = 0$ 中可解得

$$\lambda_1 = \frac{15ml^3}{486EI}; \quad \lambda_2 = \frac{ml^3}{486EI}$$

因此该体系的两阶自振频率分别为

$$\omega_1 = \sqrt{\frac{1}{\lambda_1}} = \sqrt{\frac{486EI}{15ml^3}} = 5.69\sqrt{\frac{EI}{ml^3}}; \quad \omega_2 = \sqrt{\frac{1}{\lambda_2}} = \sqrt{\frac{486EI}{ml^3}} = 22.05\sqrt{\frac{EI}{ml^3}}$$

进而利用振型计算公式 $\boldsymbol{\varphi}_i = \begin{bmatrix} 1 \\ -\dfrac{\delta_{11}m_1 - \lambda_i}{\delta_{12}m_2} \end{bmatrix}$ $(i=1,2)$ 或 $\boldsymbol{\varphi}_i = \begin{bmatrix} 1 \\ -\dfrac{\delta_{21}m_1}{\delta_{22}m_2 - \lambda_i} \end{bmatrix}$ $(i=1,2)$

求解出两阶振型分别为

$$\boldsymbol{\varphi}_1 = \begin{bmatrix} 1 \\ 1 \end{bmatrix}; \quad \boldsymbol{\varphi}_2 = \begin{bmatrix} 1 \\ -1 \end{bmatrix}$$

（2）计算广义质量和广义荷载

$$M_1^* = \boldsymbol{\varphi}_1^{\mathrm{T}} \boldsymbol{M} \boldsymbol{\varphi}_1 = \begin{bmatrix} 1, 1 \end{bmatrix} \begin{bmatrix} m & 0 \\ 0 & m \end{bmatrix} \begin{bmatrix} 1 \\ 1 \end{bmatrix} = 2m$$

$$M_2^* = \boldsymbol{\varphi}_2^{\mathrm{T}} \boldsymbol{M} \boldsymbol{\varphi}_2 = \begin{bmatrix} 1, -1 \end{bmatrix} \begin{bmatrix} m & 0 \\ 0 & m \end{bmatrix} \begin{bmatrix} 1 \\ -1 \end{bmatrix} = 2m$$

$$F_1^*(t) = \boldsymbol{\varphi}_1^{\mathrm{T}} \boldsymbol{F}(t) = \begin{bmatrix} 1, 1 \end{bmatrix} \begin{bmatrix} 0 \\ F_0(t) \end{bmatrix} = F_0$$

$$F_2^*(t) = \boldsymbol{\varphi}_2^{\mathrm{T}} \boldsymbol{F}(t) = \begin{bmatrix} 1, -1 \end{bmatrix} \begin{bmatrix} 0 \\ F_0(t) \end{bmatrix} = -F_0$$

（3） 由 Duhamel 积分求解出每个振型广义坐标的动力响应

$$\eta_1(t) = \int_0^t \frac{F_0}{2m\omega_1} \sin \omega_1(t - \tau) \mathrm{d}\tau = \frac{F_0}{2m\omega_1^2} (1 - \cos \omega_1 t)$$

$$\eta_2(t) = \int_0^t \frac{-F_0}{2m\omega_2} \sin \omega_2(t - \tau) \mathrm{d}\tau = -\frac{F_0}{2m\omega_2^2} (1 - \cos \omega_2 t)$$

（4） 由振型叠加法求解出多自由度体系的位移响应

$$Y(t) = \sum_{i=1}^2 \eta_i(t) \boldsymbol{\varphi}_i = \eta_1(t) \boldsymbol{\varphi}_1 + \eta_2(t) \boldsymbol{\varphi}_2 = \eta_1(t) \begin{bmatrix} 1 \\ 1 \end{bmatrix} + \eta_2(t) \begin{bmatrix} 1 \\ -1 \end{bmatrix}$$

因此质量 1 的位移响应为

$$y_1 = \eta_1(t) \varphi_{11} + \eta_2(t) \varphi_{12} = \frac{F_0}{2m\omega_1^2} (1 - \cos \omega_1 t) - \frac{F_0}{2m\omega_2^2} (1 - \cos \omega_2 t)$$

$$= \frac{F_0}{2m\omega_1^2} [(1 - \cos \omega_1 t) - 0.066\ 7(1 - \cos \omega_2 t)]$$

质量 2 的位移响应为

$$y_2 = \eta_1(t) \varphi_{21} + \eta_2(t) \varphi_{22} = \frac{F_0}{2m\omega_1^2} (1 - \cos \omega_1 t) + \frac{F_0}{2m\omega_2^2} (1 - \cos \omega_2 t)$$

$$= \frac{F_0}{2m\omega_1^2} [(1 - \cos \omega_1 t) + 0.066\ 7(1 - \cos \omega_2 t)]$$

由该例计算结果的位移叠加项可看出，对应 ω_2 的第 2 阶振型对结构总位移的贡献比对应 ω_1 的第 1 阶振型对结构总位移的贡献要小得多。应当指出，对于大多数荷载作用下的结构反应，一般是频率最低的振型所起的作用最大，高阶振型的贡献逐渐趋于减小。尤其是当实际结构存在阻尼时，自由度越多，该现象越明显，因此振型叠加时不需要包含所有的高阶振型，在满足计算结果精度要求的情况下即可舍弃振型的高阶项，从而可大大减少计算工作量。

当然，每阶振型所对应的自振频率是不同的，它们所贡献的结构位移并不一定同时达到最大值，故求最大位移时不能简单地将若干个分量的最大值进行叠加。

3.14　多自由度有阻尼体系的受迫振动分析

3.14.1　Rayleigh 阻尼及结构动力响应分析

多自由度有阻尼体系在任意荷载向量 $\boldsymbol{F}_{\mathrm{P}}(t)$ 作用下的运动方程为 $\boldsymbol{M}\ddot{\boldsymbol{Y}} + \boldsymbol{C}\dot{\boldsymbol{Y}} + \boldsymbol{K}\boldsymbol{Y} = \boldsymbol{F}_{\mathrm{P}}(t)$。

与无阻尼体系受迫振动响应的求解思路相似，将位移向量的分解式 $Y = \sum\limits_{i=1}^{n} \eta_i(t)\boldsymbol{\varphi}_i$ 代入多自由度体系的运动方程后可得

$$\sum_{i=1}^{n} \ddot{\eta}_i(t)\boldsymbol{M}\boldsymbol{\varphi}_i + \sum_{i=1}^{n} \dot{\eta}_i(t)\boldsymbol{C}\boldsymbol{\varphi}_i + \sum_{i=1}^{n} \eta_i(t)\boldsymbol{K}\boldsymbol{\varphi}_i = \boldsymbol{F}(t) \tag{3.152}$$

式（3.152）两边同时乘以 $\boldsymbol{\varphi}_j^{\mathrm{T}}$，利用振型的正交性将其化简为

$$M_j^* \ddot{\eta}_j + \boldsymbol{\varphi}_j^{\mathrm{T}}\boldsymbol{C}\sum_{i=1}^{n} \dot{\eta}_i\boldsymbol{\varphi}_i + K_j^* \eta_j = F_j^*(t) \quad (j = 1, 2, \cdots, n) \tag{3.153}$$

式中，左端比式（3.150）增加了考虑阻尼影响的一项，即 $\boldsymbol{\varphi}_j^{\mathrm{T}}\boldsymbol{C}\sum\limits_{i=1}^{n} \dot{\eta}_i\boldsymbol{\varphi}_i$。

一般情况下，阻尼矩阵 $\boldsymbol{C}$ 是非对角矩阵，即式（3.153）所代表的微分方程组仍是通过阻尼矩阵而耦联的，这反映了自由度 i 方向的运动速度不仅在自由度 i 方向产生阻尼力，也同时会在自由度 j 方向产生阻尼力。为了能够使用振型叠加法，必须设法解除整个微分方程组包括阻尼矩阵项的耦联，这就要求将阻尼矩阵 $\boldsymbol{C}$ 改造成对角矩阵。目前常用的方法是假定阻尼矩阵是质量矩阵和刚度矩阵的线性组合，可表示为

$$\boldsymbol{C} = \alpha\boldsymbol{M} + \beta\boldsymbol{K} \tag{3.154}$$

式中，α 和 β 为待定常数。

满足式（3.154）的阻尼常称为比例阻尼，又称 Rayleigh 阻尼。将式（3.154）两端左乘 $\boldsymbol{\Phi}^{\mathrm{T}}$ 同时右乘 $\boldsymbol{\Phi}$，得到

$$\boldsymbol{\Phi}^{\mathrm{T}}\boldsymbol{C}\boldsymbol{\Phi} = \alpha\,\boldsymbol{\Phi}^{\mathrm{T}}\boldsymbol{M}\boldsymbol{\Phi} + \beta\,\boldsymbol{\Phi}^{\mathrm{T}}\boldsymbol{K}\boldsymbol{\Phi} \tag{3.155}$$

根据振型正交性，前面已证明 $\boldsymbol{\Phi}^{\mathrm{T}}\boldsymbol{M}\boldsymbol{\Phi}$ 和 $\boldsymbol{\Phi}^{\mathrm{T}}\boldsymbol{K}\boldsymbol{\Phi}$ 均为对角矩阵，因此它们的线性叠加 $\boldsymbol{\Phi}^{\mathrm{T}}\boldsymbol{C}\boldsymbol{\Phi}$ 自然也是对角矩阵，这就实现了振动微分方程组的完全解耦，此时

$$\boldsymbol{\varphi}_j^{\mathrm{T}}\boldsymbol{C}\boldsymbol{\varphi}_i = \begin{cases} 0, & i \neq j \\ C_j^*, & i = j \end{cases} \tag{3.156}$$

式中，C_j^* 称为广义阻尼系数。

因此，对具有 n 个自由度的结构，其相互耦联的运动方程组可解耦为一组互相独立的用广义坐标表示的单自由度运动方程，即

$$M_j^* \ddot{\eta}_j(t) + C_j^* \dot{\eta}_j(t) + K_j^* \eta_j(t) = F_j^*(t) \quad (j = 1, 2, \cdots, n) \tag{3.157}$$

用 Duhamel 积分求解出零初始条件下的每个广义坐标解：

$$\eta_j(t) = \int_0^t \frac{F_j^*(\tau)}{M_j^* \omega_{\mathrm{d}j}} \mathrm{e}^{-\xi\omega_j(t-\tau)} \sin\omega_{\mathrm{d}j}(t-\tau)\,\mathrm{d}\tau \quad (j = 1, 2, \cdots, n) \tag{3.158}$$

进而利用振型叠加法 $Y(t) = \sum\limits_{j=1}^{n} \eta_j(t)\boldsymbol{\varphi}_j$ 得到多自由度体系的位移响应。

除了阻尼项，有阻尼多自由度体系响应求解的振型叠加法步骤与无阻尼多自由度体系受迫振动的求解步骤完全一致，此处不再赘述。

3.14.2 Rayleigh 阻尼待定常数的确定

要确定 Rayleigh 阻尼计算式（3.154）中的待定常数 α 和 β，通常需根据能够反映实

际结构阻尼特性的阻尼参数来确定，最常用的阻尼参数是结构的阻尼比 ξ。对于多自由度体系，由于其具有多阶自振频率和振型，因此一般认为结构的阻尼比也随频率的不同而不同。将与第 i 阶振型相对应的阻尼比记为 ξ_i，下面推导 ξ_i 与 α 和 β 的关系。

由式（3.154）可知，广义阻尼系数与广义质量和广义刚度之间具有以下关系：

$$C_j^* = \alpha M_j^* + \beta K_j^* \tag{3.159}$$

根据黏滞阻尼理论知 $c = 2\xi\omega m$，因此广义阻尼系数可表示为 $C_j^* = 2\xi_j\omega_j M_j^*$，联立式（3.159）可得

$$2\xi_j\omega_j M_j^* = \alpha M_j^* + \beta K_j^* \tag{3.160}$$

进而有

$$\xi_j = \frac{1}{2\omega_j}\alpha + \frac{1}{2\omega_j}\frac{K_j^*}{M_j^*}\beta = \frac{1}{2}\left(\frac{\alpha}{\omega_j} + \beta\omega_j\right) \tag{3.161}$$

由于需要确定的待定常数为 α 和 β 两个，须建立两个独立方程，此时可利用对应两个不同振型的阻尼比 ξ_i 和 ξ_j。将与 ξ_i 和 ξ_j 相对应的自振频率 ω_i 和 ω_j 分别代入式（3.161），联立可推得

$$\left. \begin{array}{l} \alpha = \dfrac{2\omega_i\omega_j(\xi_i\omega_j - \xi_j\omega_i)}{\omega_j^2 - \omega_i^2} \\[4mm] \beta = \dfrac{2(\xi_j\omega_j - \xi_i\omega_i)}{\omega_j^2 - \omega_i^2} \end{array} \right\} \tag{3.162}$$

实际工程中，一般取各振型对应的阻尼比均相同，即 $\xi_i = \xi_j = \xi$，通常通过实验测量或参照经验数据或按相关规范规程给定。此时式（3.162）可进一步化简为

$$\left. \begin{array}{l} \alpha = \dfrac{2\xi\omega_i\omega_j}{\omega_j + \omega_i} \\[4mm] \beta = \dfrac{2\xi}{\omega_j + \omega_i} \end{array} \right\} \tag{3.163}$$

式中，ω_i 和 ω_j 分别为结构的第 i 阶自振频率和第 j 阶自振频率，ω_i 通常取结构的第一阶自振频率，ω_j 通常取对结构位移响应贡献较大的振型所对应的自振频率。

3.15　工程应用——地震作用下的结构响应分析

地震是一种破坏力很大的自然现象。地震发生时，结构受到地震的激扰而产生强烈的振动。地震作用指的是地震动引起的结构动态作用，包括水平地震作用和竖向地震作用，其实质是地面运动在结构中产生的惯性力。本节仅讨论线弹性结构在水平地震作用下的动力响应。

以如图3.56（a）所示的多自由度体系为例，假设其在地震作用下的位移和变形如图3.56（a）所示，其中 $x_g(t)$ 为地震引起的地面水平方向位移，通常可通过实测获得；$x_i(t)$ 则是质量 m_i 相对于地面的水平位移响应，是需要求解的未知项。取质量 m_i 为隔离体进行动平衡状态下的受力分析，惯性力、弹性力和阻尼力的计算如图3.56（b）所示。

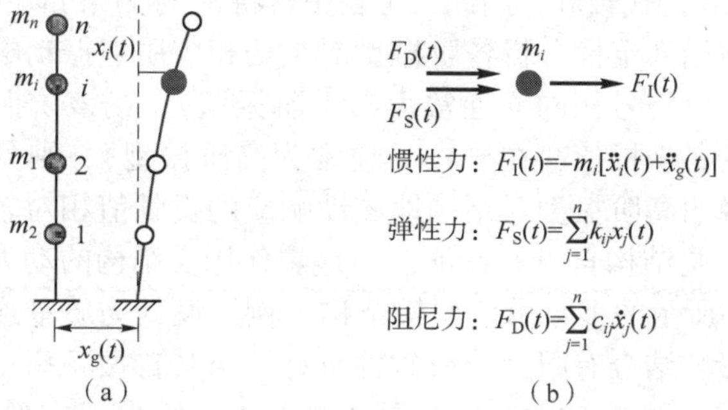

图 3.56

基于刚度法建立该多自由度体系的运动方程如下：

$$M\ddot{X} + C\dot{X} + KX = -MI\ddot{x}_{g}(t) \tag{3.164}$$

式中，I 为单位矩阵，其余矩阵的符号同前。

设阻尼为 Rayleigh 阻尼，利用振型叠加法可将式（3.164）转换成 n 个相互独立的单自由度运动方程：

$$M_{j}^{*}\ddot{\eta}_{j}(t) + C_{j}^{*}\dot{\eta}_{j}(t) + K_{j}^{*}\eta_{j}(t) = -\boldsymbol{\varphi}_{j}^{\mathrm{T}}MI\ddot{x}_{g}(t) \quad (j=1,2,\cdots,n) \tag{3.165}$$

根据 Duhamel 积分可求解出零初始条件下的广义坐标：

$$\eta_{j}(t) = \frac{\boldsymbol{\varphi}_{j}^{\mathrm{T}}MI}{M_{j}^{*}}\left[-\frac{1}{\omega_{\mathrm{d}j}}\int_{0}^{t}\ddot{x}_{g}(\tau)\mathrm{e}^{-\xi_{j}\omega_{j}(t-\tau)}\sin\omega_{\mathrm{d}j}(t-\tau)\mathrm{d}\tau\right] \quad (j=1,2,\cdots,n) \tag{3.166}$$

令

$$\gamma_{j} = \frac{\boldsymbol{\varphi}_{j}^{\mathrm{T}}MI}{M_{j}^{*}} = \frac{\boldsymbol{\varphi}_{j}^{\mathrm{T}}MI}{\boldsymbol{\varphi}_{j}^{\mathrm{T}}M\boldsymbol{\varphi}_{j}} \tag{3.167}$$

$$\delta_{j}(t) = -\frac{1}{\omega_{\mathrm{d}j}}\int_{0}^{t}\ddot{x}_{g}(\tau)\mathrm{e}^{-\xi_{j}\omega_{j}(t-\tau)}\sin\omega_{\mathrm{d}j}(t-\tau)\mathrm{d}\tau \quad (j=1,2,\cdots,n) \tag{3.168}$$

则对应每阶振型的广义坐标可表示为

$$\eta_{j}(t) = \gamma_{j}\delta_{j}(t) \quad (j=1,2,\cdots,n) \tag{3.169}$$

由于结构的位移响应是振型向量的线性叠加，因此可得结构相对地面的位移响应为

$$X(t) = \sum_{j=1}^{n}\eta_{j}(t)\boldsymbol{\varphi}_{j} = \sum_{j=1}^{n}\gamma_{j}\delta_{j}\boldsymbol{\varphi}_{j} \tag{3.170}$$

式中，振型向量前的两个系数分别具有以下物理意义：

（1）$\delta_{j}(t)$：计算式为式（3.168），相当于阻尼比为 ξ_{j}、有阻尼自振频率为 $\omega_{\mathrm{d}j}$（$\omega_{\mathrm{d}j} \approx \omega_{j}$）的单位质量的单自由度弹性体系在地震作用 $\ddot{x}_{g}(t)$ 下的位移响应。

（2）γ_{j}：计算式为式（3.167），对由集中质量组成的结构则进一步可写为

$$\gamma_{j} = \frac{\boldsymbol{\varphi}_{j}^{\mathrm{T}}MI}{\boldsymbol{\varphi}_{j}^{\mathrm{T}}M\boldsymbol{\varphi}_{j}} = \frac{\sum\limits_{i=1}^{n}m_{i}\varphi_{ij}}{\sum\limits_{i=1}^{n}m_{i}\varphi_{ij}^{2}} \tag{3.171}$$

式中，φ_{ij} 表示第 j 阶振型中沿第 i 个自由度方向的振型坐标值。

从式（3.171）可看出，γ_{j} 为两个累加求和量相除，其中分子为第 j 阶振型沿各自由度方向的振型坐标值与相应质量乘积的代数和，分母为第 j 阶振型沿各自由度方向的振型坐标

值的平方与相应质量乘积的代数和，因此，工程中常将 γ_j 称为第 j 阶振型的振型参与系数。

振型参与系数常被用来定性分析各阶振型对结构相应质点振动响应的贡献大小。如果某阶振型的各坐标值正负符号相同（通常为第 1 阶振型），则该阶振型的振型参与系数比较大；如果某阶振型的各坐标值存在异号（通常为高阶振型），则分子相互抵消，得出的振型参与系数较小，说明高阶振型对结构地震动响应的贡献值相对较小。显然，对于每一阶振型，γ_j 均为常数，是结构自身的特征，与地震作用及结构的动力响应无关。

以如图 3.57（a）所示的多自由度框架结构为例，设其为质量连续体系，不考虑杆件的轴向变形和剪切变形，结合有限元分析软件可计算出其自振频率、振型及结构在任意动力荷载作用下的动位移。图 3.57（b）至图 3.57（h）给出了在给定截面尺寸、杆件长度、材料特性下结构前 7 阶振型的大致曲线。同时，将结构的前 7 阶自振频率及每阶振型参与系数列于表 3.2 中。

可以看出，尽管一个结构的反应是其各阶振型反应的组合，但各振型对结构动力响应的贡献是不同的，高阶振型对结构位移的贡献比低阶振型对结构位移的贡献要小，阶数越高，贡献越小。因此在振型叠加法中，可根据工程问题的实际情况主要考虑前若干个低阶振型的影响，在使计算结果满足工程需求的前提下大大简化计算。

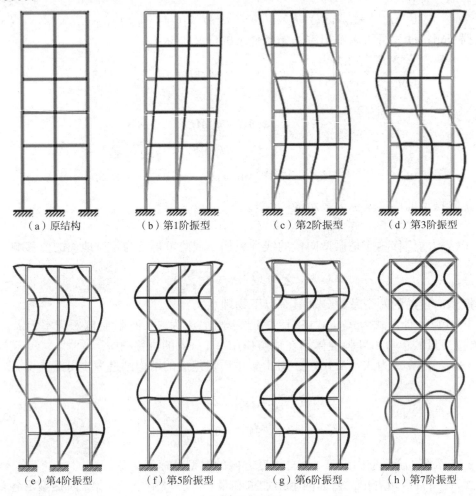

（a）原结构　　（b）第1阶振型　　（c）第2阶振型　　（d）第3阶振型

（e）第4阶振型　　（f）第5阶振型　　（g）第6阶振型　　（h）第7阶振型

图 3.57

表 3.3　多自由度体系的前 7 阶自振频率及每阶振型参与系数示例

	自振频率/Hz	归一化振型的参与系数
第 1 阶振型	9.769 6	56.234
第 2 阶振型	30.374	19.932
第 3 阶振型	53.439	12.757
第 4 阶振型	79.085	9.645 5
第 5 阶振型	105.51	7.396 7
第 6 阶振型	127.18	4.655 8
第 7 阶振型	206.86	0.752 2

 思考与讨论

1. 结构动力计算和静力计算的主要区别是什么？

2. 刚度法和柔度法建立体系运动方程有何异同？

3. 为什么说结构的自振频率是结构的固有性质？如何才能改变结构的自振频率？

4. 何谓阻尼比？阻尼系数和阻尼比有何关系？

5. 阻尼对结构的自振频率和振动幅值有何影响？何谓临界阻尼情况？

6. 什么是结构的动力放大系数？简谐荷载作用下动力放大系数与哪些因素有关？并指出减小动力响应的措施。

7. 单自由度体系的位移放大系数和内力放大系数相等吗？为什么？

8. Duhamel 积分中的时间变量 τ 和 t 有什么区别？如何应用 Duhamel 积分求解任意动力荷载作用下的动力位移问题？

9. 多自由度体系的刚度矩阵和柔度矩阵中每一元素的物理含义是什么？如何进行求解？什么情况下适合采用柔度法？什么情况下适合采用刚度法？

10. 什么是结构的振型？什么是振型的正交性？振型的正交性有何作用？

11. 什么是广义坐标？结构的振型与结构的几何坐标系下的位移有何联系？

12. 多自由度体系各质量的动力放大系数是否一样？与单自由度体系有何不同？

13. 何谓共振？n 个自由度体系有多少个发生共振的可能？为什么？

14. 在结构动力计算中，什么情况下可以应用振型叠加法？试简述其计算步骤。

15. 多自由度体系一般如何考虑结构的阻尼？

 习题

3.1　试确定如图 3.58 所示体系的动力自由度。各集中质量略去其转动惯量，杆件质量除特别注明者外略去不计，忽略杆件的轴向变形和剪切变形。

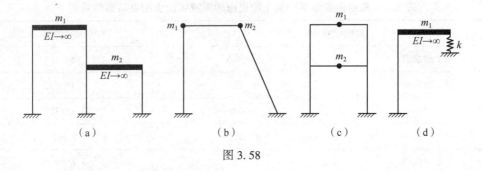

图 3.58

3.2 试列出如图 3.59 所示体系的运动方程，不计阻尼，各杆 EI 为常数。

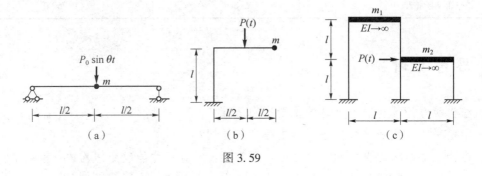

图 3.59

3.3 试求如图 3.60 所示各结构的自振频率，并比较图 3.59（a）和图 3.60（a）两种情况的自振频率。除特别注明外，各杆 EI 为常数，略去杆件自重及阻尼影响。

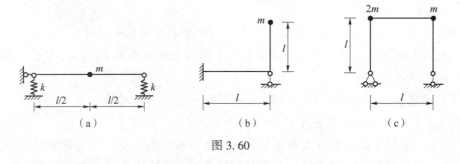

图 3.60

3.4 对于如图 3.61 所示的刚架结构，如果忽略各杆件的质量和轴向变形，试分别定性分析横梁的抗弯刚度 EI_B 增大、附加弹性约束的刚度系数 k 增大对刚架自振频率的影响。

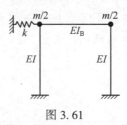

图 3.61

3.5 如图 3.62 所示简支梁，梁 EI 为常数，试确定该体系的自振频率。如果该梁承

受静力荷载 $F = 12$ kN，设在 $t = 0$ 时刻将这个静力荷载突然撤除，不计阻尼，试求质量 m 的动位移表达式。

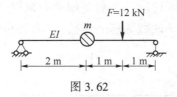

图 3.62

3.6 已知在如图 3.63 所示体系中 $l = 4$ m，$E = 210$ GPa，$I = 8.8 \times 10^{-5}$ m^4，$m = 200$ kg，$P_0 = 10$ kN，$\theta = 40$ rad/s；通过体系自由振动实验测得经过 5 周后振幅降为原来的 1/10。不计杆件轴向变形，试求解：

（1）质量的最大动位移；

（2）试针对本题讨论可采取哪些措施降低体系的动内力。

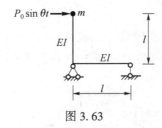

图 3.63

3.7 如图 3.64 所示梁受简谐荷载 $P_0 \sin \theta t$ 作用，$P_0 = 20$ kN，$\theta = 80$ rad/s，$m = 300$ kg，$EI = 9 \times 10^6$ N·m^2，梁长 $l = 4$ m，杆件 EI 为常数。试求解：

（1）若支座 B 的弹簧刚度 $k = 48EI/l^3$，求不计阻尼时梁中点总位移幅值；

（2）分析弹簧刚度大小和阻尼比对梁中总位移的影响。

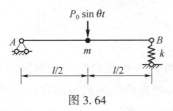

图 3.64

3.8 对于如图 3.65 所示刚架进行自由振动以测动力特性。加力 20 kN 时顶部侧移 2 cm，振动一周 $T = 1.4$ s 后，回摆衰减到 1.6 cm，求大梁的重量 W 及 6 周后的振幅。

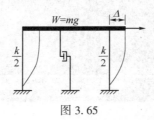

图 3.65

3.9 如图 3.66 所示梁中点放一重 2.5 kN 的电动机，电动机使梁中点产生的静位移为 1 cm，转速为 300 r/min，产生的动力荷载幅值 $P=1$ kN。问：

（1）根据结构振动的共振区讨论是否需要加动力减振器？

（2）如果需要的话，试设计该减振器的参数。（容许位移为 1 cm）

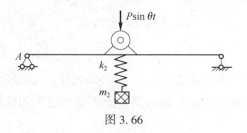

图 3.66

3.10 对于如图 3.67 所示刚架结构，假设横梁的抗弯刚度为无限大，各立柱高度都为 h，各层的质量和立柱抗弯刚度如图 3.67 所示。计算分析：

（1）结构的自振频率和振型；

（2）用振型正交性对振型的正确性加以验证；

（3）分析梁的刚度和地基约束刚度对结构自振频率的影响规律。

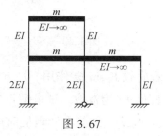

图 3.67

工程案例分析

1. 2020 年 5 月 5 日，广东虎门大桥桥面发生了明显的振动（见图 3.68）。试分析虎门大桥的风致振动和美国塔科马海峡大桥的风致振动在振动形式和振动原理上各有何不同？

图 3.68

2. 故宫是中国古代几朝帝都，其建筑规模宏大，构造严谨，工艺精细，是世界上少有的古迹。故宫虽然经历了大大小小 200 多场地震（其中不乏像 1679 年北京平谷发生的 8.0 级地震和 1976 年唐山发生的 7.8 级地震），但是仍然保持完好，静静矗立 600 余年，因此深得国内外专家的关注。

古建专家刘大可先生所著《中国古建筑瓦石营法》中，载有古建基础中灌江米汁（糯米浆）的做法，即把煮好的江米汁掺上水和白矾，泼洒在打好的灰土上。其中，江米和白矾的用量为：每平方丈（约 11.11 m²）用江米 225 g、白矾 18.75 g。日本学者武田寿一所著《建筑物隔震、防震与控振》中有这么一段关于故宫古建筑地基成分的描述："1975 年开始的三年中，在建造设备管道工程时，以紫禁城中心向下约 5 到 6 米的地方挖出一种稍黏有气味的物质。研究结果表明似乎是煮过的糯米和石灰的混合物。"这段话可反映故宫古建筑地基中确有糯米成分。

请分析故宫地基成分中采用煮过的糯米和石灰的混合物是否能够提高建筑的抗震性能？试给出你的理由。

专题 **4**

结构的弹性稳定

教学资源

引 言

　　对任何一种结构构件，强度计算和刚度计算都是基本的、必不可少的。强度指的是在外力作用下，材料抵抗破坏的能力，一般是通过检查结构构件产生的截面最大内力是否超过截面的承载能力或者检查截面上某点的最大应力是否超过材料的极限强度来进行校核和计算，图 4.1（a）所示为强度破坏。刚度指的是材料或结构在受力时抵抗变形的能力，通过判断结构任一截面的最大变形或位移是否超过了结构变形所容许的范围来进行校核和计算，图 4.1（b）所示的桥面结构发生了过大位移，进而引发结构的刚度破坏。

　　然而，对于某些受压构件，如钢筋混凝土薄壳，或者由高强度材料制成的截面尺寸比较单薄的结构构件，则会在强度破坏之前首先发生如图 4.1（c）所示的破坏。这就是本专题将要讨论的结构另一种破坏形式——稳定破坏，又称失稳破坏。对于钢结构，其构件一般由钢板、热轧型钢或冷弯薄壁型钢制造而成，具有材料强度高、结构重量轻等特点，很容易发生失稳破坏，因此钢结构的稳定计算往往比强度计算更为重要。

　　本专题将重点讨论结构的弹性稳定。

　　　（a）　　　　　　　　　　（b）　　　　　　　　　（c）

图 4.1

4.1　结构稳定性的概念

　　所谓结构稳定性，指的是结构所处的平衡状态的稳定性。欲判断平衡状态的稳定性，通常的做法为：假设体系受到一个微小干扰使其偏离目前的平衡状态，然后将干扰撤销，观察干扰撤销后体系是否还能恢复到原来的平衡状态。

以如图4.2所示的3个相同的刚性圆球分别置于不同的刚性曲面上为例，它们目前均处于平衡状态，但它们平衡状态的稳定性有所不同。分别给这3个小球施加一个微小干扰使其偏离目前的平衡状态：球1在干扰力撤销后能够自动恢复到原始平衡状态，将它所处的这种状态称为稳定平衡；球2和球3在干扰力撤销后均不能自动恢复到原始平衡状态，将它们所处的这种状态称为不稳定平衡。然而球2和球3所处的平衡状态又有所不同，球2在干扰力撤销后完全不能保持新的平衡，而球3在干扰力撤销后可停留在任何偏移后的位置上，即能够在新的状态下保持平衡。为了区分这两种不稳定平衡，将球3所处的这种平衡状态称为随遇平衡。随遇平衡是稳定平衡向不稳定平衡过渡的一种中间状态，又称为临界状态。

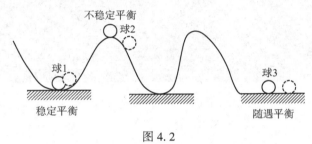

图4.2

结构从稳定平衡状态转变为不稳定平衡状态，称为结构的失稳。任何结构体系在荷载作用下都应处在稳定平衡状态，否则偶然的扰动都可能使结构因产生过大的变形而失稳，这是工程中所不能容许的。

因此，结构稳定分析的目的其实就是要保证结构在正常使用情况下处于稳定平衡状态。工程结构设计分析时，往往需要找出外荷载与结构内部抵抗力间的不稳定平衡状态，即变形开始急剧增长的状态，从而设法避免进入该状态。例如，2018年，福建莆田某水泥制品有限公司一幢在建3层钢结构房屋由于建筑底层受力钢柱失稳引起整体坍塌（见图4.3）；2019年，广西百色某酒吧钢结构房屋，由于风荷载和积水荷载诱发了钢结构屋顶主次梁失稳破坏，最终造成钢结构屋顶坍塌（见图4.4）。

图4.3

图 4.4

4.2　结构失稳破坏的类型

　　结构的失稳现象是多种多样的，根据失稳性质和破坏发展过程，一般将结构或构件的失稳破坏分为三大类型，分别为第一类稳定问题（分支点失稳）、第二类稳定问题（极值点失稳）及跳跃失稳。

4.2.1　第一类稳定问题（分支点失稳）

　　以如图 4.5（a）所示的一端固定一端自由的杆件为例，假设该悬臂杆为理想弹性受压直杆，两端承受逐渐增大的轴向压力 F_P 的作用。由于采用了理想弹性受压杆件模型，所以其初始平衡状态为沿杆轴的直线平衡状态，对应的平衡形式为轴向压缩变形。

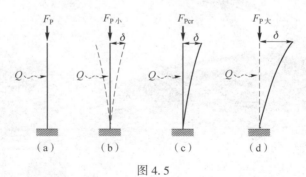

图 4.5

　　为观察结构的稳定性，给压杆施加一个微小的横向干扰力 Q 使其发生弯曲变形，然后再将干扰力撤销，观察杆件是否能够恢复到原始平衡状态。轴向荷载 F_P 从零开始逐渐增加，并设杆件悬臂端在平面内的弯曲变形侧移为 δ。

（1）当荷载 F_P 的数值较小时，杆件仅发生轴向压缩变形，此时若压杆受到轻微干扰而发生弯曲，当干扰撤销后杆件仍能恢复到原始的直线平衡状态［见图 4.5（b）］，因此该阶段处于稳定平衡状态，对应的平衡形式为压缩变形，弯曲变形侧移 $\delta=0$。

（2）随着荷载 F_P 的继续增加，当其大小达到某个数值 F_{Pcr} 时，杆件既可以保持原始的直线平衡状态，也可以在干扰撤销后保持弯曲平衡状态［见图 4.5（c）］，因此该阶段为随遇平衡，对应的平衡形式不再是唯一的，既可以是压缩变形，也可以是弯曲变形。

（3）随着荷载 F_P 的进一步增加，一旦荷载值 $F_P>F_{Pcr}$，杆件将不再保持原来的直线平衡状态，而是发生越来越大的弯曲变形［见图 4.5（d）］，随着侧移 δ 的迅速增大，最终丧失结构承载能力，因此该阶段为不稳定平衡，对应的平衡形式为同时发生压缩变形和弯曲变形。

可以看出，随遇平衡所对应的荷载值 F_{Pcr} 为稳定平衡状态转变为不稳定平衡状态的临界值，常称其为结构失稳破坏的临界荷载。对于两端铰支的中心受压理想直杆，失稳破坏的临界荷载就是材料力学中的欧拉临界荷载 $F_{Pcr}=\dfrac{\pi^2 EI}{l^2}$，其中 EI 为杆件的抗弯刚度，l 为杆长。

为进一步观察该理想弹性受压直杆的弯曲变形随荷载大小的变化情况，根据上述分析可作出结构失稳过程中的平衡路径图，即轴向荷载 F_P 与弯曲变形侧移 δ 的变化曲线，如图 4.6 所示。从图 4.6 中可以看出，理想弹性受压直杆失稳破坏时，其平衡路径发生了分支，因此将该类失稳破坏称为分支点失稳，又称结构的第一类稳定问题。分支点处的荷载即为第一类稳定问题的临界荷载。对于细长杆，达到第一类失稳的临界荷载时，杆件还处于弹性阶段，并未达到强度极限，也没有达到屈服极限，还没有出现塑性变形，所以该类破坏不是强度问题，而是稳定问题。

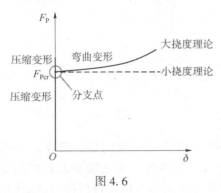

图 4.6

综上所述，结构的第一类稳定问题的主要特征是：平衡路径出现了分支，即原来的平衡形式变为不稳定，同时出现了新的、有质的区别的平衡形式。

结构的第一类稳定问题不只发生在直杆中心受压的情况下，在其他结构中也同样可以出现。例如承受均布荷载的抛物线拱［见图 4.7（a）］，在均布荷载 q 达到临界值 q_{cr} 之前，它处于中心受压状态，平衡形式为沿拱轴线的压缩变形；当 q 等于临界值 q_{cr} 时，原来的拱形压缩变形不再是稳定的形式，而是出现了新的、有质的区别的平衡形式——弯曲变形，拱将同时发生压缩变形和弯曲变形，因此其失稳破坏为第一类稳定问题。同理，如图 4.7（b）所示的薄壁圆柱形结构的失稳也为第一类稳定问题。又如图 4.7（c）所示，结点承受集中荷载的刚架，在荷载达到临界值之前，只有竖向杆件的轴向压缩变形；但当荷载等于临界值时，则可能出现具有压缩和弯曲变形的新的平衡形式，如图 4.7（c）中虚线所示，因此，它也属于第一类稳定问题。

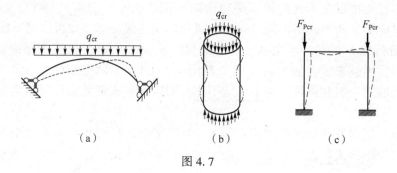

图 4.7

4.2.2 第二类稳定问题（极值点失稳）

第一类稳定问题多发生在理想中心受压状态下的结构体系中，然而实际工程结构往往由于存在一些不可避免的初始缺陷而不再处于理想中心受压状态，如具有初始弯曲［见图 4.8（a）］、荷载初偏心 ［见图 4.8（b）］、截面形状或材料性质等方面具有初始缺陷的结构杆件。此类结构的失稳破坏则不再符合第一类稳定问题的特征。

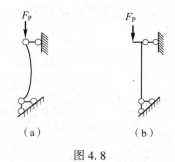

图 4.8

以图 4.9（a）所示的两端铰支且承受竖向偏心荷载 F_P 的直杆为例。由于荷载初偏心 e 的存在，一旦荷载 F_P 开始作用，杆件就发生压缩变形和弯曲变形，并且不论荷载 F_P 的大小如何变化，杆件总是同时发生这两种变形。设杆件的侧向挠度为 δ ［见图 4.9（a）］，则在荷载增长过程中 δ 随之不断增大。当荷载 F_P 比较小时，由侧向挠度 δ 引起的附加弯矩正好能够抵消外荷载 F_P 所引起的截面的偏心矩，此时杆件处于稳定平衡状态。随着荷载 F_P 的不断增大，侧向挠度 δ 随荷载的增长呈非线性变化，并且增长速度会越来越快，如图 4.9（b）所示的平衡路径图。当荷载到达一定数值后，如图 4.9（b）中的 b 点，挠度增量引起的截面的附加弯矩将不能抵消掉荷载引起的截面偏心矩，结构内力和外力之间不再保持平衡，此时，杆件进入不稳定平衡状态，F_P-δ 曲线便由上升转为下降，即使不增加荷载，甚至减小荷载，挠度仍然会继续增加，杆件丧失了稳定性。从图4.9（b）可以看出，此类结构在从稳定平衡状态发展到不稳定平衡状态的失稳过程中，出现了极值点，因此该类失稳称为极值点失稳，又称结构的第二类稳定问题。极值点对应的荷载即为第二类稳定问题的临界荷载，又称为击溃荷载、极限荷载或稳定荷载。

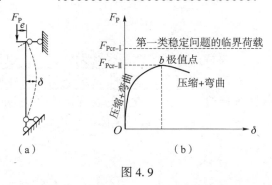

图 4.9

综上所述，结构的第二类稳定问题与第一类稳定问题具有本质的区别，其主要特征为：平衡路径出现了极值，即荷载作用下，结构的平衡形式并不发生质变，而是由于变形的不断增大而丧失了承载能力。

对比结构的第一类稳定问题，可以发现，当偏心受压杆件的荷载偏心距 e 减小并趋近于零时，荷载对杆件的偏心矩变小，结构用来抵消外力偏心矩的附加弯矩也不需要那么大，因此结构的侧向挠度 δ 随荷载增加而产生的增量也会减小，极值点失稳的临界荷载将增大并趋近于分支点失稳的临界荷载。因此，第一类稳定问题的临界荷载一般大于第二类稳定问题的临界荷载，如图4.9（b）所示。

4.2.3 跳跃失稳

对于类似如图4.10（a）所示的扁平拱或如图4.10（b）所示的扁平拱式桁架的结构，当荷载增加到某个临界值时，结构突然从一个平衡状态跳跃到另一个平衡状态，这种失稳现象既不同于第一类稳定问题，也不同于第二类稳定问题，工程中将其称为跳跃失稳。作出其 F_P-δ 曲线即可得到该类结构失稳时的平衡路径图，如图4.11所示，其中 OA 段和 CDE 段对应稳定平衡，ABC 段对应不稳定平衡。当荷载加载到临界荷载（A 点）时，虽然荷载不变，但是变形突然增大跳跃到 C 点（临界点处结构位移的变化是不连续的），然后继续增加荷载，F_P-δ 曲线会沿着 CDE 发展。

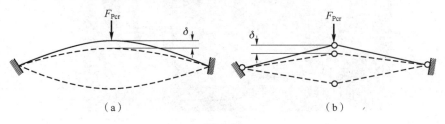

图 4.10

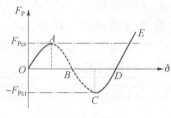

图 4.11

可以看出，跳跃失稳的主要特征为：平衡路径既无分支点，也无极值点，结构的变形在荷载达到临界值前后发生性质上的突变，在丧失稳定平衡之后跳跃到另一个稳定平衡状态。由于结构的几何形状在失稳过程中发生激烈的改变，跳跃失稳必须严格加以避免，否则将酿成严重的工程事故。图 4.12 所示为扁平壳体结构坍塌。

图 4.12

由于结构或构件的失稳破坏具有突然性，因此一旦失稳发生，结构将会随即崩溃，其危害程度可能远高于强度破坏。1995 年 6 月 29 日下午，韩国汉城三丰百货大楼由于盲目扩建、加层，致使大楼四五层立柱不堪重负而产生失稳破坏使大楼倒塌（见图 4.13），导致 502 人死亡，930 人受伤，113 人失踪，成为韩国建筑史上空前的惨案。因此，对于工程结构来说，任何一种失稳形式都是不允许的。

图 4.13

正确区分结构的失稳类型在结构稳定分析中具有十分重要的地位，只有这样才能在设计中准确计算或合理预估出结构的稳定承载力。

【例4.1】判断如图4.14所示悬臂结构在 yOz 平面内的失稳破坏属于哪一类稳定问题。

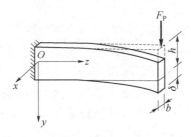

图 4.14

解： 判断结构失稳的类型，可以从平衡形式是否发生质变入手。

当荷载 F_P 一开始作用时，该结构会在 yOz 平面内发生弯曲变形；并且随着荷载值的不断增大，结构的弯曲变形也随之不断地增加；一旦荷载值超过了临界荷载值，结构发生的仍然是弯曲变形，只不过这个时候的弯曲变形迅速增加，直到结构破坏。所以在整个失稳过程中，结构的平衡形式并没有发生质的改变，也没有出现新的有质的区别的平衡形式。

结论：本例属于结构的第二类稳定问题（极值点失稳）。

【例4.2】判断如图4.15所示偏心受压构件的失稳破坏属于哪一类稳定问题。已知荷载偏心矩为 e，杆件截面形状为工字形截面，y 轴为弱轴（绕该轴的截面抵抗矩较小），z 轴为强轴（绕该轴的截面抵抗矩较大）。

解： 由于 y 轴为弱轴，因此当荷载作用时，该偏心受压构件既可能先发生 xOy 平面内的失稳，也可能先发生平面外的失稳。

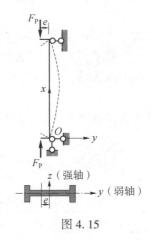

图 4.15

如果先发生的是 xOy 平面内的失稳，则与如图4.9（a）所示的情况相同，杆件总是同时发生压缩和弯曲，没有出现新的有质的区别的其他平衡形式，属于第二类稳定问题。

如果在平面内失稳之前，先发生了绕 y 轴的平面外失稳，在达到临界荷载之前，杆件发生的为压缩和弯曲变形，而达到临界荷载后，杆件出现了新的有质的区别的平衡形式——扭转变形，因此此时属于第一类稳定问题。

4.3 临界荷载的确定

由结构失稳破坏的分析可知，稳定计算的核心问题在于确定临界荷载。

工程中的实际结构由于各种初始缺陷而不可能处于理想中心受压状态，所以大多数结构的失稳破坏，严格地说都属于第二类稳定问题。由于失稳破坏时结构的变形随荷载的增长呈非线性变化，因此第二类稳定问题属于几何非线性问题，而且当结构的变形增加到一定程度时通常还伴有材料非线性的出现，计算比较复杂，一般只能通过计算机数值分析方法和技术来确定其临界荷载。然而，第一类稳定问题的临界荷载常常可以用解析式来表达，物理概念清晰，计算比较简单。自 1774 年 Euler 得到了理想压杆两端受集中力时的临界荷载计算公式以来，工程师和科学家对理想中心弹性压杆失稳的研究一直保持着广泛的关注，这是因为研究第一类稳定问题不仅可以探究各种初始缺陷对结构或构件稳定性影响的不同，而且通过研究还可以找出提高结构或构件稳定承载力的有效技术措施。由于第一类稳定问题的临界荷载实际上是第二类稳定问题临界荷载的上限值，所以工程设计中，往往将第一类稳定问题的临界荷载乘上一定的折减系数，或是对其表达式进行适当修正用以获得因不完美因素引起的第二类稳定问题的临界荷载。因此，确定第一类稳定问题的临界荷载既具有重要的理论意义，又具有实用的工程实践意义。

本节仅限于讨论杆系结构在弹性阶段发生第一类稳定问题时的临界荷载计算方法。对于第一类稳定问题，由于平衡路径分支点处的荷载即为结构失稳破坏的临界荷载，因此确定临界荷载时可利用平衡的双重性，即当外荷载达到临界荷载时，结构既可以在杆件挠度为零的原始变形状态下保持平衡，又可以在杆件挠度不为零的新的变形状态下满足平衡的条件。

在稳定分析时，需涉及结构稳定自由度的概念。结构稳定自由度指的是为确定结构失稳时所有可能的变形状态所需的独立参数数目。由于受压失稳杆件的形状通常不能像一般受弯杆件那样用若干个独立几何参数加以表达，所以一般弹性压杆或结构的失稳都属于无限自由度体系。

下面将重点介绍确定临界荷载的两种基本方法：静力法和能量法。

4.3.1 静力法确定临界荷载

采用静力法确定临界荷载，就是以结构失稳时平衡的双重性为依据，应用静力平衡条件，寻求结构在新的形式下能维持平衡的荷载，其最小值即为临界荷载。

用静力法既可确定有限自由度体系的临界荷载，也能确定无限自由度体系的临界荷载。下面以如图 4.16（a）所示的一端固定另一端铰支的等截面轴心受压杆体系（无限自由度体系）为例，说明采用静力法确定临界荷载的分析原理和基本思路。

易分析出，当轴向荷载 F_p 达到临界荷载 F_{Pcr} 时，该杆件的平衡路径将发生分支，即除了可保持原直线平衡形式 [见图 4.16（a）] 外，还可能发生如图 4.16（b）所示的新的曲线平衡形式。取如图 4.16（b）所示 xOy 坐标系（杆件挠曲变形的侧向位移沿 y

轴方向)，根据静力平衡条件可表示出该杆件两端的支座反力，如图 4.16（b）所示，其中 l 为杆长，M_B 为 B 支座的未知反力矩。

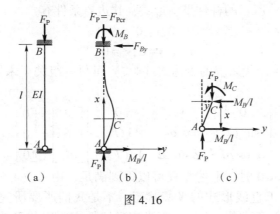

图 4.16

在新的平衡形式下，沿杆件任一截面 C 切开，取 AC 段杆件作为隔离体，对该隔离体进行受力分析，如图 4.16（c）所示，其中 C 截面中心到两个坐标轴的距离分别记为 x 和 y。根据隔离体的静力平衡条件，可以表示出 C 截面的弯矩为

$$M_C = F_P y - \frac{M_B}{l} x \tag{4.1}$$

由材料力学可知，梁在较小变形的微弯曲状态下，弯矩与曲率的关系为

$$\frac{EI}{\rho} = -M_C \tag{4.2}$$

式中，EI 为杆件横截面弯曲刚度，ρ 为杆件弯曲变形的曲率，M_C 为杆件任一截面 C 上的弯矩。

又根据第一类稳定问题的特征可知，杆件新的平衡形式为微小弯曲，因此弯曲曲率可近似取 $\frac{1}{\rho} = y''$，因此式（4.2）可化简为

$$EIy'' = -M_C \tag{4.3}$$

将式（4.3）代入式（4.1）并化简，可得压杆挠曲线的平衡微分方程：

$$EIy'' + F_P y = \frac{M_B}{l} x \tag{4.4}$$

将式（4.4）两边同时除以 EI，并令

$$\alpha^2 = \frac{F_P}{EI} \tag{4.5}$$

则平衡微分方程式（4.4）可改写为

$$y'' + \alpha^2 y = \frac{M_B}{EI} \cdot \frac{x}{l} \tag{4.6}$$

这是一个二阶常系数非齐次线性微分方程，它的一般解由通解和特解共同组成，即

$$y = A\sin \alpha x + B\cos \alpha x + \frac{M_B x}{F_P l} \tag{4.7}$$

式中，A、B 为待定的常系数，M_B 为支座 B 的反力矩，也是未知的，它们与杆件的边界条件有关。

对于如图 4.16（b）所示的杆件平衡形式，其边界条件有

$$\left.\begin{array}{l} x=0, y=0 \\ x=l, y=0, y'=0 \end{array}\right\} \tag{4.8}$$

将边界条件式（4.8）代入解的表达式（4.7）可得一组关于未知参数 A、B、M_B 的齐次线性方程组：

$$\begin{bmatrix} 0 & 1 & 0 \\ \sin \alpha l & \cos \alpha l & 1/F_P \\ \alpha\cos \alpha l & -\alpha\sin \alpha l & 1/(F_P l) \end{bmatrix} \begin{bmatrix} A \\ B \\ M_B \end{bmatrix} = \begin{bmatrix} 0 \\ 0 \\ 0 \end{bmatrix} \tag{4.9}$$

显然，当 $A=B=M_B=0$ 时，上述方程可以得到满足，由式（4.7）可知此时 $y=0$，即无侧向位移发生，相应于直线形式的平衡状态，不是我们所要研究的问题。对于临界状态，要求 A、B、M_B 不全等于零，而这只有当齐次线性方程组的系数行列式等于零时才会可能，即

$$\begin{vmatrix} 0 & 1 & 0 \\ \sin \alpha l & \cos \alpha l & 1/F_P \\ \alpha\cos \alpha l & -\alpha\sin \alpha l & 1/(F_P l) \end{vmatrix} = 0 \tag{4.10}$$

该方程为齐次线性方程组的特征方程，展开并整理后得

$$\tan \alpha l = \alpha l \tag{4.11}$$

这就是计算第一类稳定问题临界荷载的稳定方程，它是一个以 αl 为自变量的超越方程，只要求解出 α 就可以根据式（4.5）最终确定失稳破坏的临界荷载。

求解超越方程有两种常用方法：

（1）逐步逼近法：又称试算法，即首先给 α 一个初值，计算 $\alpha l - \tan \alpha l$，根据计算结果不断调整 α 的取值，使 $\alpha l - \tan \alpha l$ 逐渐逼近零，进而得到最终的 α 解。

（2）图解法：以 αl 为自变量，分别绘出 $z=\alpha l$ 和 $z=\tan \alpha l$ 对应的函数图形，则这两个函数图形交点的横坐标即为方程的根。因交点有无穷多个，故方程有无穷多个根。在一般情况下，当荷载达到最小临界值时，结构已不能正常工作，因此稳定方程的最小正根即是需要求解的临界荷载。

利用图解法可得如图 4.17 所示的函数图形，由图可见，最小正根 $\alpha l = 1.43\pi$，将其代入式（4.5）可得临界荷载为

$$F_{Pcr} = \alpha^2 EI = (1.43\pi)^2 \frac{EI}{l^2} = \frac{\pi^2 EI}{(0.7l)^2} \tag{4.12}$$

对比材料力学中已经导出的两端铰支的等截面简支轴心压杆弹性失稳时的临界荷载计算公式 $F_{Pcr} = \dfrac{\pi^2 EI}{l^2}$（欧拉临界荷载），可知一端固端另一端铰支的轴心压杆的临界荷载等于长度为其 $\dfrac{7}{10}$ 的简支压杆的临界荷载。对于其他支承情况的压杆，亦可采用上述方法求解其临界荷载，求解出的临界荷载表达式具有以下一般性：

$$F_{Pcr} = \frac{\pi^2 EI}{(\mu l)^2} = \frac{\pi^2 EI}{l_0^2} \tag{4.13}$$

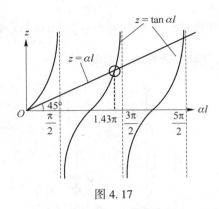

图 4.17

式（4.13）称为欧拉临界荷载的一般公式，其中 μ 称为计算长度系数，$l_0 = \mu l$，称为压杆的计算长度。弹性压杆的杆端约束条件不同，计算长度系数 μ 的取值不同，见表 4.1。

表 4.1　不同杆端约束时的计算长度系数

弹性压杆的杆端约束条件	计算长度系数 μ
两端铰支	1.0
一端固定，另一端自由	2.0
一端固定，另一端铰支	0.7
两端固定	0.5

综上所述，采用静力法确定临界荷载的基本思路可总结如下：

（1）假定结构在外荷载达到某数值时出现新的平衡形式，利用隔离体的静力平衡条件列出该状态下的平衡微分方程；

（2）积分该方程并利用边界条件，获得一组和未知常数数目相等的齐次线性方程组；

（3）利用齐次线性方程组具有非零解的条件（未知数前面的系数所组成的行列式值等于零）建立关于临界荷载的稳定方程；

（4）求解稳定方程，其最小正根即为临界荷载。

【例 4.3】 确定如图 4.18 所示的具有弹性支座的压杆失稳破坏时的临界荷载。已知杆件 EI 为常数，杆长为 l，A 端弹性支座的转动刚度系数为 $k_{\theta 1}$。（弹性支承转动刚度系数的物理含义：使弹性支承处产生单位转角所需的力矩。）

解：设压杆失稳时，A 端的转角为 θ_1，则相应的反力偶为 $M_1 = k_{\theta 1}\theta_1$。由静力平衡条件可表示出 B 支座的水平支座反力 $F_R = \dfrac{M_1}{l} = \dfrac{k_{\theta 1}\theta_1}{l}$。

根据隔离体的静力平衡条件可得压杆挠曲线的平衡微分方程为

$$EIy'' + F_P y = F_R(l - x)$$

令 $\alpha^2 = \dfrac{F_P}{EI}$，则上述微分方程可化为

$$y'' + \alpha^2 y = \frac{k_{\theta 1}\theta_1}{EIl}(l - x)$$

二阶常系数非齐次微分方程的一般解可写为：$y = A\cos \alpha x + B\sin \alpha x + \dfrac{k_{\theta 1}\theta_1}{F_{\mathrm{P}}l}(l-x)$，其中 A、B、θ_1 为待定常数，可利用边界条件进行求解。

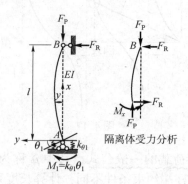

图 4.18

边界条件：$\begin{cases} x=0, \ y=0, \ y'=\theta_1 \\ x=l, \ y=0 \end{cases}$，代入解的表达式可建立以下齐次线性方程组：

$$\begin{cases} A + \dfrac{k_{\theta_1}}{F_{\mathrm{P}}}\theta_1 = 0 \\[3mm] B\alpha - \left(\dfrac{k_{\theta_1}}{F_{\mathrm{P}}l}+1\right)\theta_1 = 0 \\[3mm] A\cos \alpha l + B\sin \alpha l = 0 \end{cases}$$

进而得到稳定方程为

$$\begin{vmatrix} 1 & 0 & \dfrac{k_{\theta_1}}{F_{\mathrm{P}}} \\[3mm] 0 & \alpha & -\left(\dfrac{k_{\theta_1}}{F_{\mathrm{P}}l}+1\right) \\[3mm] \cos \alpha l & \sin \alpha l & 0 \end{vmatrix} = 0$$

将其展开并整理得

$$\tan \alpha l = \dfrac{\alpha l}{1 + \dfrac{EI}{k_{\theta_1}l}(nl)^2}$$

当弹性支座的转动刚度系数 k_{θ_1} 给定时，可求出该超越方程的解，其中最小的正根则是该压杆失稳破坏时的临界荷载。

在工程结构中，常遇到具有弹性支承的压杆，为实用起见，表 4.2 列出了几种常见弹性支座压杆的稳定方程。从表 4.2 可以看出，第 4 种情况既考虑了弹性支座的转动刚度，又考虑了弹性支座的水平刚度，所以它的稳定方程实际上是弹性支座压杆稳定方程的一般形式，其他各种特殊情况的稳定方程均可由此推导出。

表 4.2　常见弹性支座压杆的稳定方程$\left(\alpha^2 = \dfrac{F_P}{EI}\right)$

序号	简图	稳定方程
1	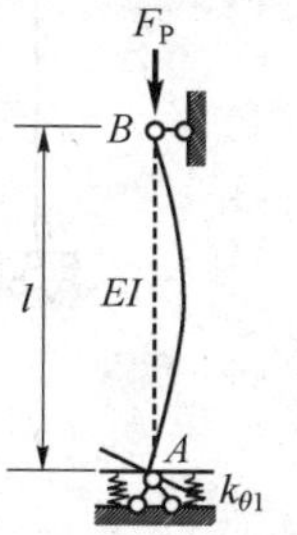	$\tan \alpha l = \dfrac{\alpha l}{1 + \dfrac{EI}{k_{\theta_1} l}(nl)^2}$
2	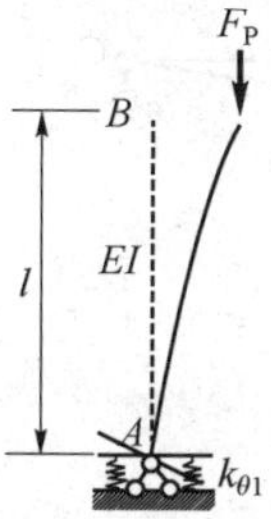	$\alpha l \tan \alpha l = \dfrac{k_{\theta_1} l}{EI}$
3	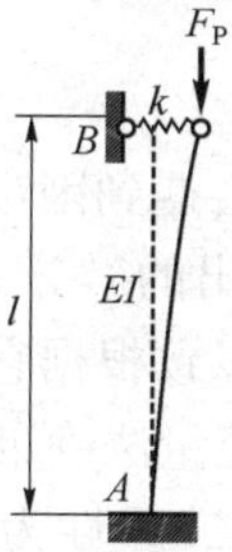	$\tan \alpha l = \alpha l - \dfrac{(\alpha l)^3 EI}{kl^3}$
4	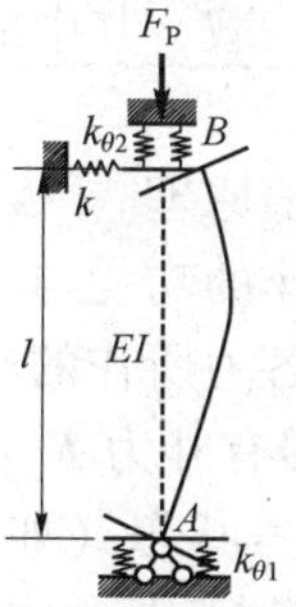	$\begin{vmatrix} 1 & 0 & \left(1 - \dfrac{kl}{F_P}\right) & \dfrac{k_{\theta2}}{F_P} \\ \cos \alpha l & \sin \alpha l & 0 & \dfrac{k_{\theta2}}{F_P} \\ 0 & \alpha & \left(\dfrac{k}{F_P} + \dfrac{kl}{k_{\theta1}} - \dfrac{F_P}{k_{\theta1}}\right) & -\dfrac{k_{\theta2}}{k_{\theta1}} \\ -\alpha\sin \alpha l & \alpha\cos \alpha l & \dfrac{k}{F_P} & 1 \end{vmatrix} = 0$

　　值得注意的是：对于某些结构的稳定问题，常可将其中某一根杆件取出，使用弹性支承代替其他部分对它的作用，同时并由其余部分求出弹性支座的转动刚度系数，然后按上述方法进行计算。例如，如图 4.19（a）所示结构，在求解其失稳破坏的临界荷载时，可以转化成如图 4.19（b）所示的 BD 压杆的稳定计算问题，其中 B 支座的转动刚度系数可由水平梁 AB 和 BC 对 B 支座的作用来求出 $k_\theta = \dfrac{3EI}{l} + \dfrac{3EI}{l} = \dfrac{6EI}{l}$ ［见图 4.19（c）］。然后利用表 4.2 中的第 1 种计算简图所对应的稳定方程即可求解出临界荷载。

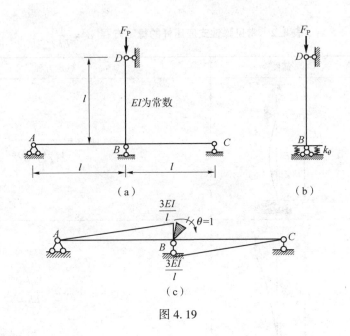

图 4.19

4.3.2 能量法确定临界荷载

在较复杂的情况下，用上述静力法确定临界荷载常常会遇到困难。例如，当杆件的截面或轴向荷载的变化情况比较复杂时，利用静力平衡条件列出的微分方程成为变系数的方程，此时不能将其积分为有限形式；或者边界条件比较复杂，以致根据它们导出的行列式为高阶行列式，特征方程不易展开和求解。在这些情况下，采用能量法确定临界荷载会更为简便。

采用能量法确定临界荷载，就是以结构失稳时平衡的二重性为依据，应用以能量形式表示的平衡条件，寻求结构在新的形式下能维持平衡的荷载，其中最小者即为临界荷载。

1. 势能驻值原理

首先，简单介绍能量法中与平衡条件等价的势能驻值原理。

根据物理学的知识可知，在保守系统中，各种力所作的功均与路径无关，而只取决于运动的起始和终止状态。因此，可用势能的变化来表示各力所作的功，即功的负值等于势能的增量。例如，如图 4.20 所示的弹性体系，其上作用有外力 F_{P1}，F_{P2}，$\cdots$，F_{Pn}。假设以未加载前的位置为其运动的起始状态，并将其作为参考状态（如图 4.20 中实线所示），则当它运动到如图 4.20 中虚线所示的状态时，外力势能增量为

$$V_P = - \sum_{i=1}^{n} F_{Pi} \Delta_i \tag{4.14}$$

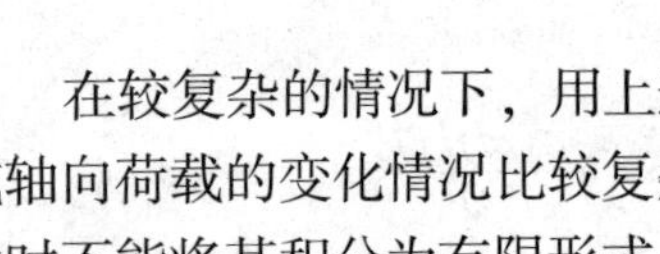

图 4.20

若以 V_ε 表示变形体系的应变能，或称内力势能的增量，则结构的总势能增量等于变形体系的应变能与外力势能增量之和，简称结构的总势能，即

$$E_P = V_\varepsilon + V_P \tag{4.15}$$

根据变形体系的虚功原理可知：变形体系处于平衡的必要和充分条件是，对于符合约

束条件的任意微小虚位移，变形体系上所有外力在虚位移上所作虚功总和等于各微段上内力在其变形虚位移上所有虚功总和。

在如图 4.20 所示体系中，真实的力状态分别为外荷载 F_{Pi}、支座反力 F_{Rj}、截面弯矩 M，力所对应的结构真实位移分别为挠曲变形 Δ_j、支座位移 c_j、截面曲率 ρ。现取任一可能位移与真实位移的差值（叫作位移变分）作为虚位移，即将 $\delta\Delta_i$ 记为荷载相应位移的变分；δc_j 记为支座位移的变分，由于体系为保守体系，支座反力在虚位移过程中不做功，故 $\delta c_j = 0$；$\delta\rho$ 记为截面曲率的变分。

为简便起见，在计算应变能时只考虑曲率和弯矩的影响，根据虚功原理可得

$$\sum F_{Pi}\delta\Delta_i = \sum \int_0^l M\delta\rho\mathrm{d}s \tag{4.16}$$

式中，s 为沿杆长的积分变量，l 为杆长，$\delta\rho$ 为截面曲率的变分。

式（4.16）可进一步改写为

$$\delta\left(\int_0^l\int_0^{\rho'} M\mathrm{d}\rho\mathrm{d}s - \sum F_{Pi}\Delta_i\right) = 0 \tag{4.17}$$

式中，$\int_0^l\int_0^{\rho'} M\mathrm{d}\rho\mathrm{d}s$ 为变形体系的弯曲应变能 V_ε，ρ' 为截面最大曲率。

根据式（4.15）可知式（4.17）中括号内的项即为结构的总势能 E_P，因此可得

$$\delta E_P = 0 \tag{4.18}$$

式（4.18）为**势能驻值原理**，可描述为：变形体系处于平衡的必要和充分条件是任意可能的位移和变形均使结构总势能 E_P 的驻值为零（势能的一阶变分等于零）。可以看出，势能驻值原理就是用能量形式表示的平衡条件，处于平衡状态的体系均能满足势能驻值原理。

2. 采用能量法确定有限自由度体系的临界荷载

下面以如图 4.21 所示的 A 端铰支、B 端采用水平弹性支承的等截面轴心受压杆为例，说明采用能量法确定临界荷载的分析原理和基本思路。

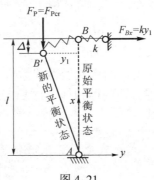

图 4.21

设 B 端弹性支承的刚度系数为 k，并假设杆件 AB 的抗弯曲刚度为无穷大，即 $EI \to \infty$，则该弹性杆稳定分析时属于单自由度体系。取图 4.21 中虚线所示的直线形式的原始平衡状态为参考状态，当荷载达到临界荷载（$F_P = F_{Pcr}$）时，体系处于图中实线所示的新的平衡状态，B 点移动到了 B' 的位置，x、y 两个坐标方向发生的位移分别记为 Δ 和 y_1，则当体系处于新的平衡状态时，弹簧的应变能 V_ε 与荷载势能 V_P 分别为

$$V_\varepsilon = \frac{1}{2}ky_1^2 \tag{4.19}$$

$$V_P = -F_{Pcr}\Delta \tag{4.20}$$

根据几何关系可得位移 Δ 和 y 满足以下关系式：

$$\Delta = l-\sqrt{l^2-y_1^2} = l\left(1-\sqrt{1-\frac{y_1^2}{l^2}}\right) \approx l\left[1-\left(1-\frac{1}{2}\times\frac{y_1^2}{l^2}\right)\right] = \frac{y_1^2}{2l} \tag{4.21}$$

根据能量守恒原理，体系所具有的总势能 E_P 应等于弹簧的应变能 V_ε 与荷载势能 V_P 的总和，因此体系的总势能为

$$E_P = V_\varepsilon + V_P = \left(\frac{kl-F_{Pcr}}{2l}\right)y_1^2 \tag{4.22}$$

由于体系处于平衡状态，因此其满足势能驻值原理 $\delta E_P = 0$。由于为单自由度体系，则变分式可化简为 $\frac{dE_P}{dy_1}=0$，代入式（4.22）可得

$$\frac{dE_P}{dy} = \frac{kl-F_{Pcr}}{l}y_1 = 0 \tag{4.23}$$

进一步可得该结构失稳时的临界荷载为

$$F_{Pcr} = kl \tag{4.24}$$

该例是针对单自由度体系的弹性压杆的，对于具有 n 个自由度的体系，若总势能可以表示为广义坐标 a_1，a_2，$\cdots$，a_n 的函数，则势能驻值原理的表达式可进一步表示为

$$\delta E_P = \frac{\partial E_P}{\partial a_1}\delta a_1 + \frac{\partial E_P}{\partial a_2}\delta a_2 + \cdots + \frac{\partial E_P}{\partial a_n}\delta a_n \tag{4.25}$$

式中，a_1，a_2，$\cdots$，a_n 为 n 个独立参数。由于 $\delta a_i(i=1,2,\cdots,n)$ 的任意性，要求

$$\left.\begin{array}{c} \dfrac{\partial E_P}{\partial a_1}=0 \\ \vdots \\ \dfrac{\partial E_P}{\partial a_n}=0 \end{array}\right\} \tag{4.26}$$

这样就得到了一组关于 a_1，a_2，$\cdots$，a_n 的齐次线性代数方程组，其取得非零解的充分和必要条件是方程的系数行列式等于零，即可得到体系的稳定方程或特征方程。由稳定方程 n 个根中的最小者即可确定临界荷载。

综上所述，采用能量法确定临界荷载是以势能驻值原理为理论基础的，其分析思路可总结如下：

（1）选取参考状态，表示出新平衡形式下变形体的应变能、外力势能、总势能；

（2）利用势能驻值原理建立用能量形式表示的平衡条件，得到一组关于独立自由度参数的齐次线性方程组；

（3）根据齐次线性方程组具有非零解的条件（未知数前面的系数所组成的行列式等于零）建立关于临界荷载的稳定方程；

（4）求解稳定方程，其最小正根即为临界荷载。

此外，由式（4.22）还可以看出，体系分别处于稳定平衡、不稳定平衡、随遇平衡 3 种平衡状态时的总势能 $E_P = \left(\dfrac{kl - F_P}{2l}\right) y_1^2$ 的变化趋势为：

（1）当体系处于稳定平衡状态时，$F_P < F_{Pcr} = kl$，势能的二阶变分 $\delta^2 E_P > 0$，说明体系发生任意虚位移时势能均有增大的趋势，因此处于稳定平衡状态的体系具有最小的势能，这就是最小势能原理。

（2）当体系处于不稳定平衡状态时，$F_P > F_{Pcr} = kl$，势能的二阶变分 $\delta^2 E_P < 0$，说明体系发生任意虚位移时势能均有减小的趋势，因此处于不稳定平衡状态的体系具有最大的势能。

（3）当体系处于随遇平衡状态时，$F_P = F_{Pcr} = kl$，总势能恒等于 0，说明体系发生任意虚位移时势能没有任何变化的趋势。

3. 采用能量法确定无限自由度体系的临界荷载

对具有无限自由度的弹性杆件来说，能量法同样适用，只不过杆件弯曲变形需要用位移函数来表示。下面以如图 4.22 所示的两端铰支弹性直杆为例，杆件的弯曲刚度 EI 为常数，具有无限多个自由度，设杆件任意 x 截面的挠曲变形用 $y(x)$ 来表示。

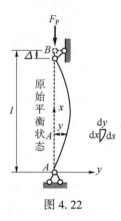

图 4.22

取图 4.22 中虚线所示的直线形式的原始平衡状态为参考状态，则对任一可能的位移，它的总势能为 $E_P = V_\varepsilon + V_P$，其中 V_ε 是由于杆件弯曲后所能增加的应变能。由于弯曲变形微小，弯矩与曲率的关系仍在线性范围内，因此应变能可表示为

$$V_\varepsilon = \int_0^l \left(\int_0^\rho M \mathrm{d}\rho\right) \mathrm{d}x = \frac{1}{2} \int_0^l \frac{M^2}{EI} \mathrm{d}x \tag{4.27}$$

将关系式 $EIy'' = -M$ 代入式（4.27）可得

$$V_\varepsilon = \frac{1}{2} \int_0^l EI\, (y'')^2 \mathrm{d}x \tag{4.28}$$

另外，外力势能为

$$V_P = -F_P \Delta \tag{4.29}$$

式中，Δ 为荷载作用点下降的距离，应等于杆长 l 与挠曲线在原来直线杆轴方向上的投影之差，可通过先求微段 $\mathrm{d}\Delta$ 然后再沿杆长积分获得。

$$d\Delta = ds - dx = dx\sqrt{1+(y')^2} - dx = dx\left[(1+(y')^2)^{\frac{1}{2}} - 1\right]$$
$$= dx\left[1 + \frac{1}{2}(y')^2 + \cdots - 1\right] \approx \frac{1}{2}(y')^2 dx \tag{4.30}$$

因此，外力势能可进一步表示为

$$V_P = -F_P\int_0^l \frac{1}{2}(y')^2 dx \tag{4.31}$$

于是，结构的总势能为

$$E_P = V_\varepsilon + V_P = \frac{1}{2}\int_0^l EI(y'')^2 dx - \frac{F_P}{2}\int_0^l (y')^2 dx \tag{4.32}$$

根据能量法可知，将式（4.32）代入势能驻值原理的表达式 $\delta E_P = 0$ 中可确定临界荷载。然而，从式（4.32）可以看出，结构的总势能与挠曲线函数 $y(x)$ 有关，而挠曲线函数 $y(x)$ 是未知的，是满足位移边界条件的任一可能位移状态。对于无限自由度体系，它有无限多个独立参数和无限多个可能的位移函数曲线，因此要精确地应用势能驻值原理求解临界荷载，需要用到求泛函极值的计算，这是一个变分问题，比较复杂。所以，在实用上往往将无限自由度体系近似简化为有限自由度体系来处理，即假设挠曲线函数 $y(x)$ 为有限个已知函数的线性组合，其一般形式为

$$y(x) = \sum_{i=1}^{n} a_i \varphi_i(x) \tag{4.33}$$

式中，$\varphi_i(x)$ 为满足位移边界条件的给定函数，a_i 为待定参数，也称为广义坐标。这样，就将原来无限自由度体系近似看作具有 n 个自由度的有限自由度体系进行计算，这种方法又称瑞利-里茨法。

将式（4.33）代入式（4.32）可得

$$E_P = V_\varepsilon + V_P = \frac{1}{2}\int_0^l EI\left[\sum_{i=1}^{n} a_i\varphi''_i(x)\right]^2 dx - \frac{F_P}{2}\int_0^l \left[\sum_{i=1}^{n} a_i\varphi'_i(x)\right]^2 dx \tag{4.34}$$

将式（4.34）代入式（4.26）所示的势能驻值条件中便可得到 n 个关于广义坐标 a_i 的齐次线性方程组，进而根据稳定方程求解出临界荷载。

由于压杆失稳时的位移曲线一般很难精确预计和表达，用能量法通常只能求得临界荷载的近似值，而其近似程度完全取决于所假设的位移曲线与真实的失稳位移曲线的符合程度。因此，恰当选取位移曲线成为采用能量法求解无限自由度体系临界荷载的关键。为了便于实用，现将关于直杆的几种常用的位移函数表达式列入表 4.3 中，其中选取项数的多少应由计算精度方面的要求决定，一般取 2～3 项就可以得到较好的结果。

表 4.3　满足弹性压杆位移边界条件的常用位移函数表达式

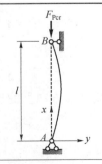

（a）$y = a_1\sin\dfrac{\pi x}{l} + a_2\sin\dfrac{2\pi x}{l} + a_3\sin\dfrac{3\pi x}{l} + \cdots$

（b）$y = a_1 x(l-x) + a_2 x^2(l-x) + a_3 x(l-x)^2 + a_4 x^2(l-x)^2 + \cdots$

续表

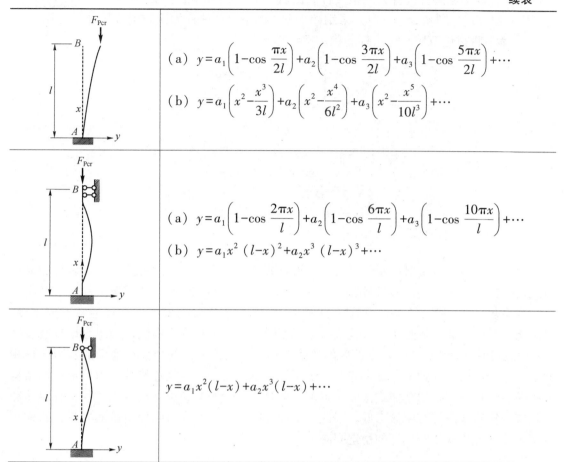

	（a）$y = a_1\left(1 - \cos\dfrac{\pi x}{2l}\right) + a_2\left(1 - \cos\dfrac{3\pi x}{2l}\right) + a_3\left(1 - \cos\dfrac{5\pi x}{2l}\right) + \cdots$
	（b）$y = a_1\left(x^2 - \dfrac{x^3}{3l}\right) + a_2\left(x^2 - \dfrac{x^4}{6l^2}\right) + a_3\left(x^2 - \dfrac{x^5}{10l^3}\right) + \cdots$
	（a）$y = a_1\left(1 - \cos\dfrac{2\pi x}{l}\right) + a_2\left(1 - \cos\dfrac{6\pi x}{l}\right) + a_3\left(1 - \cos\dfrac{10\pi x}{l}\right) + \cdots$
	（b）$y = a_1 x^2 (l-x)^2 + a_2 x^3 (l-x)^3 + \cdots$
	$y = a_1 x^2 (l-x) + a_2 x^3 (l-x) + \cdots$

4.4　组合压杆的稳定性

　　提高压杆稳定性的关键在于提高压杆的临界荷载。由理想弹性压杆的欧拉临界荷载表达式 $F_{Pcr} = \dfrac{\pi^2 EI}{(\mu l)^2} = \dfrac{\pi^2 EI}{l_0^2}$ 及临界荷载分析可知，等截面压杆的临界荷载与杆件截面的惯性矩 I 成正比，而与 l_0^2（l_0 为杆件计算长度）成反比。因此，为了提高压杆的稳定性，工程中一方面采用增加杆件侧向支承和强化支座约束的方法，另一方面则设法增大杆件截面的惯性矩。

　　对于工字钢、槽钢、角钢等型钢截面，由于它们绕两个形心轴的惯性矩相差较大，为了提高这类型钢截面压杆的承载能力，工程实际中常用几个型钢组合形成一个组合截面。在不增大截面面积及采用较少材料的前提下，为了增强杆件的稳定性，常采用使型钢相互离开一定的距离以求获得较大的惯性矩，如图 4.23 所示的截面形式，又称格构式截面。为保证型钢能共同工作，在型钢的翼缘上会采用一些附属杆件将型钢连接在一起，由此形成的杆件称为组合杆件，其中承受荷载的主要部分的型钢称为主要杆件，又称肢杆，用以连接主要杆件的附属杆件称为<u>维系支杆</u>。截面采用两个型钢的组合杆件称为双肢组合压杆 [见图 4.23 (a)~图 4.23 (c)],采用四个型钢的组合杆件称为四肢组合压杆 [见图 4.23 (d)]。本节将讨论双肢组合压杆的稳定性计算问题。

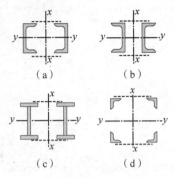

图 4.23

通用的维系支杆主要有两种形式——缀条式和缀板式。缀条式维系支杆由斜杆和横杆组成[见图 4.24 (a)],一般采用单个角钢,它们与肢杆的连接一般可当作铰接。采用缀板式维系支杆时,则没有斜杆存在 [见图 4.24 (b)],缀板与肢杆的连接通常看成刚接。在结构设计中,通常将图 4.24 中的 x-x 轴称为虚轴,y-y 轴称为实轴。当组合压杆绕实轴 y-y 轴失稳时,发生的是 xOz 平面内的弯曲变形,其临界荷载的计算与前面的实腹压杆相同;当组合压杆绕虚轴 x-x 轴失稳时,由于肢杆是由缀条或缀板连接的,由此形成的格构式截面虽然惯性矩要比整体式截面大很多,但是它的剪切变形也会比较大,使得临界荷载比相应的实腹式压杆有明显降低。因此,下面先探讨剪切变形对临界荷载的影响,再来计算缀条式和缀板式组合压杆的稳定问题。

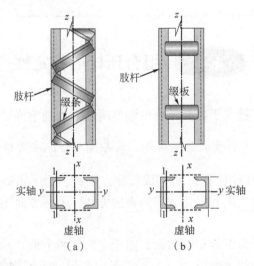

图 4.24

4.4.1 剪切变形对临界荷载的影响

轴心受压杆件在发生弯曲变形时,杆件内力除了轴力和弯矩外,还会存在剪力。前面在确定压杆的临界荷载时只考虑了弯矩对变形的影响，如果需要计入剪切变形对临界荷载的影响，则应将剪切变形体现在杆件弹性变形曲线的微分方程中。

设 y_M 和 y_S 分别表示由于弯矩和剪力影响所产生的挠度，则二者共同影响所产生的挠度为 $y = y_M + y_S$，对其两侧关于 x 求二阶导数可得

$$\frac{d^2 y}{dx^2} = \frac{d^2 y_M}{dx^2} + \frac{d^2 y_S}{dx^2} \tag{4.35}$$

其中等式右端第一项为弯矩引起的曲率，即 $\dfrac{d^2 y_M}{dx^2} = -\dfrac{M}{EI}$。

以如图 4.25 所示的两端铰支弹性受压杆为例，γ 为剪切变形对应的剪切角，由材料力学知识可知 $\gamma = k_S \dfrac{F_S}{GA}$，其中 k_S 为切应力沿截面分布不均匀而引起的改正系数，G 为剪切模量，A 为杆横截面面积。因此由截面剪力引起的杆轴线的附加转角 $\dfrac{dy_S}{dx} = k_S \dfrac{F_S}{GA} = \dfrac{k_S}{GA} \dfrac{dM}{dx}$，进而可得剪力引起的曲率：$\dfrac{d^2 y_S}{dx^2} = \dfrac{k_S}{GA} \dfrac{d^2 M}{dx^2}$。将其代入式（4.35）中可得

$$\frac{d^2 y}{dx^2} = -\frac{M}{EI} + \frac{k_S}{GA} \frac{d^2 M}{dx^2} \tag{4.36}$$

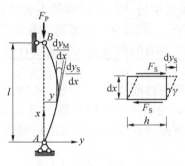

图 4.25

将 $M = F_P y$ 代入式（4.36）可得

$$EI\left(1 - \frac{k_S F_P}{GA}\right) y'' + F_P y = 0 \tag{4.37}$$

这就是考虑了剪切变形后的压杆挠曲变形的微分方程，为二阶常系数齐次微分方程。将其与式（4.4）相比可以发现，考虑了剪切变形后，二阶导数的系数项从 1 变成了 $1 - \dfrac{k_S F_P}{GA}$，从非齐次微分方程变为齐次微分方程。若令

$$\alpha^2 = \frac{F_P}{EI\left(1 - \dfrac{k_S F_P}{GA}\right)} \tag{4.38}$$

则微分方程式（4.37）的通解为

$$y = A\cos \alpha x + B\sin \alpha x \tag{4.39}$$

引入边界条件 $\begin{cases} x=0, & y=0 \\ x=l, & y=0 \end{cases}$ 后，可得稳定方程为

$$\sin \alpha l = 0 \qquad (4.40)$$

稳定方程的最小正根为 $\alpha l = \pi$，代入式（4.38）后可得临界荷载为

$$F_{Pcr} = \frac{\pi^2 EI}{l^2} \left(\frac{1}{1 + \dfrac{\pi^2 EI}{l^2} \cdot \dfrac{k_S}{GA}} \right) \qquad (4.41)$$

对比只考虑弯曲变形情况下的两端铰支弹性压杆失稳时的欧拉临界荷载表达式 $F_{Pe} = \dfrac{\pi^2 EI}{l^2}$，可以发现考虑剪切变形后的压杆失稳临界荷载比不考虑剪切变形的临界荷载要小，并且二者之间的关系式为

$$F_{Pcr} = \frac{1}{1 + F_{Pe}\bar{\gamma}} F_{Pe} = \frac{1}{1 + \sigma_{cr}\dfrac{k_S}{G}} F_{Pe} \qquad (4.42)$$

式中，$\bar{\gamma} = \dfrac{k_S}{GA}$ 为单位剪力所引起的杆轴的剪切角，$\sigma_{cr} = \dfrac{F_{Pe}}{A}$ 为欧拉临界应力。

如果压杆采用钢材，选取工字形截面，则 $k_S \approx 1$，若取钢材的剪切模量 $G = 80$ GPa，并取欧拉临界应力 $\sigma_{cr} = 200$ MPa，接近钢材比例极限的最不利状态，则可算出 $F_{Pcr} = 0.997\,5 F_{Pe}$。因此，在计算实腹杆的临界荷载时，通常可以忽略剪切变形的影响。

对于组合压杆来说，杆件中剪力的影响远比实腹式杆件中的大，因此确定其临界荷载时，不可忽略剪切变形的影响。

组合压杆稳定问题的精确解法目前还很难实现，不过由于组合压杆中承受荷载的主要部分为肢杆，因此可以用式（4.42）进行近似计算。组合压杆的剪切变形实际上是因剪力的作用，缀合杆和肢杆发生轴向或弯曲变形所引起的杆轴线微段上的剪切角。只要能求出组合压杆由单位剪力引起的剪切角并用其代替式（4.42）中实腹杆的剪切角 $\bar{\gamma} = \dfrac{k_S}{GA}$ 即可求得组合压杆的临界荷载。计算中还需注意的是，惯性矩 I 应采用两个肢杆的横截面对 x 轴的惯性矩。这一关于组合压杆稳定的近似解法是由铁摩辛柯（Timoshenko）提出的，他通过试验证明：只要缀条或缀板之间的距离 d 与整个杆长 l 相比较小（如节间数不小于 6），通过该近似方法就能得出令人相当满意的结果。

4.4.2 缀条式组合压杆的稳定计算

图 4.26（a）、图 4.26（b）是工程中常用的缀条式双肢组合压杆形式。为计算组合压杆在单位剪力作用下的剪切角，可取压杆的一个节间进行分析。因缀条与肢杆连接成桁架形式，结点可视为铰结点，因此可得如图 4.26（c）所示的计算简图，其中 β 为斜缀条的倾斜角，d 为结间长度，b 为双肢杆的横向间距，横缀条和斜缀条的抗拉压刚度分别为 EA_1 和 EA_2。

当剪切角不大时，单位剪力 $\bar{F}_S = 1$ 引起的剪切角 $\bar{\gamma}$ 可近似写为

$$\bar{\gamma} = \tan \bar{\gamma} = \frac{\delta_{11}}{d} \qquad (4.43)$$

式中，δ_{11} 为单位剪力引起的桁架结构结点的位移［见图 4.24（c）］，可根据单位荷载法求出，具体计算公式如下：

$$\delta_{11} = \sum \frac{\bar{F}_N^2 l}{EA} \qquad (4.44)$$

（a）

（b）

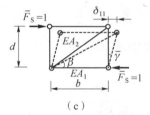

（c）

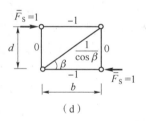

（d）

图 4.26

由于组合压杆中肢杆的截面面积远大于缀条，因此式（4.44）中可只计入缀条轴向变形的影响。单位剪力作用下，各肢杆的轴力如图 4.26（d）所示，由于每相邻两结点间共用一对横缀条，因此在计算时只需计入图 4.26（d）中的一对横杆即可，于是有

$$\delta_{11} = \frac{d}{E}\left(\frac{1}{A_2 \sin \beta \cos^2 \beta} + \frac{1}{A_1 \tan \beta}\right) \qquad (4.45)$$

将式（4.45）代入式（4.43）可得

$$\bar{\gamma} = \frac{1}{E}\left(\frac{1}{A_2 \sin \beta \cos^2 \beta} + \frac{1}{A_1 \tan \beta}\right) \qquad (4.46)$$

将式（4.46）代替式（4.42）中实腹杆的剪切角，可得到缀条式组合压杆临界荷载的近似计算公式为

$$F_{Pcr} = \cfrac{F_{Pe}}{1 + \cfrac{F_{Pe}}{E}\left(\cfrac{1}{A_2 \sin \beta \cos^2 \beta} + \cfrac{1}{A_1 \tan \beta}\right)} \tag{4.47}$$

式中，F_{Pe} 为缀条式组合压杆绕虚轴 $x-x$ 轴失稳时按实腹压杆算得的欧拉临界荷载，在利用公式 $F_{Pe} = \dfrac{\pi^2 E I'}{l^2}$ 计算时，截面惯性矩 I' 应采用两根肢杆的截面对虚轴 $x-x$ 轴的惯性矩。若设 A' 为单根肢杆的横截面面积，I_1 为单根肢杆对其本身形心轴 $1-1$ 的惯性矩 [参见图 4.24（a）]，并近似认为其形心轴到虚轴的距离为 $b/2$，则 $I' = 2I_1 + \dfrac{1}{2}A'b^2$。

式（4.47）括号中的第一项代表斜缀条变形对临界荷载的影响，第二项代表横缀条变形对临界荷载的影响，并且可以看出，斜缀条的影响要比横缀条的影响大。因此在计算中通常可略去横缀条的变形影响，同时再考虑一般情况下型钢翼缘两侧平面内都设有缀条，则式（4.47）可简化为

$$F_{Pcr} = \cfrac{F_{Pe}}{1 + \cfrac{F_{Pe}}{E} \cdot \cfrac{1}{2A_2 \sin \beta \cos^2 \beta}} \tag{4.48}$$

式中，A_2 为一根斜缀条的横截面面积。

将 $F_{Pe} = \dfrac{\pi^2 E I'}{l^2}$ 代入式（4.48）可得

$$F_{Pcr} = \frac{\pi^2 E I'}{(\mu l)^2} \tag{4.49}$$

式中，$\mu = \sqrt{1 + \dfrac{\pi^2 I'}{l^2} \cdot \dfrac{1}{2A_2 \sin \beta \cos^2 \beta}}$ 为长度计算系数。若用 r_x 表示两肢杆横截面对虚轴的回转半径，则有 $I' = 2A'r_x^2$，其中 A' 为每个肢杆的横截面面积，因此长度计算系数又可以表示为

$$\mu = \sqrt{1 + \frac{A'}{A_2}\left(\frac{r_x}{l}\right)^2 \cdot \frac{\pi^2}{\sin \beta \cos^2 \beta}} \tag{4.50}$$

在实际工程中，斜缀条的倾斜角一般在 $40° \sim 70°$ 之间，因此 $\dfrac{\pi^2}{\sin \beta \cos^2 \beta} \approx 27$，同时引入压杆的长细比 $\lambda_x = \dfrac{l}{r_x}$，则式（4.50）式可化简为

$$\mu = \sqrt{1 + \frac{27}{\lambda_x^2} \cdot \frac{A'}{A_2}} \tag{4.51}$$

将式（4.51）代入式（4.49）即可确定缀条式双肢组合受压杆的临界荷载。

关于长度影响系数的计算公式（4.51），在工程中是非常有用的，钢结构设计规范也基于该长度影响系数。下面给出工程设计时常采用的缀条式双肢组合压杆换算长细比 λ_{0x} 的计算公式：

$$\lambda_{0x} = \mu \lambda_x = \sqrt{\lambda_x^2 + 27\frac{A'}{A_2}} \tag{4.52}$$

4.4.3 缀板式组合压杆的稳定计算

组合压杆采用缀板连接时，常用的结构形式如图 4.27 所示，其横截面参见图 4.24（b），此时组合压杆可视为单跨多层刚架，并近似认为各肢杆由剪力作用引起弯曲变形的反弯点位于相邻结点间的中点处，计算简图如图 4.27（c）所示，其中单位剪力 $\overline{F}_S = 1$ 平均分配到两根肢杆上，$\overline{\gamma}$ 为单位剪力引起的剪切角。

根据如图 4.27（c）所示的计算简图，可作出单位剪力作用下的单位弯矩图如图 4.27（d）所示，此时各肢杆上下端的弯矩等于零。根据单位荷载法，可利用单位弯矩图的自乘求得上下两根肢杆的相对位移 δ_{11}：

$$\delta_{11} = \sum \int \frac{\overline{M}_1^2}{EI} \mathrm{d}s = \frac{d^3}{24EI_d} + \frac{bd^2}{12EI_b} \tag{4.53}$$

式中，I_d 为单根肢杆对其形心轴 1–1［参见图 4.24（b）］的横截面惯性矩，I_b 为两侧一对缀板的横截面惯性矩之和。

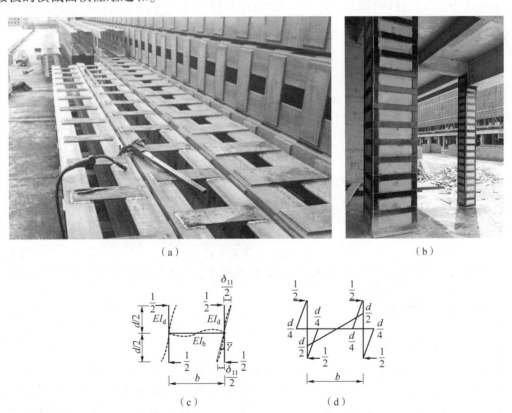

（a）　　　　　　　　　　　　（b）

（c）　　　　　　　　　　　　（d）

图 4.27

因此可得剪切角为

$$\overline{\gamma} = \frac{\delta_{11}}{d} = \frac{d^2}{24EI_d} + \frac{bd}{12EI_b} \tag{4.54}$$

将式（4.54）代替式（4.42）中实腹杆的剪切角，可得到缀板式组合压杆临界荷载的近似计算公式：

$$F_{\mathrm{Pcr}} = \frac{F_{\mathrm{Pe}}}{1 + F_{\mathrm{Pe}}\left(\dfrac{d^2}{24EI_{\mathrm{d}}} + \dfrac{bd}{12EI_{\mathrm{b}}}\right)} \tag{4.55}$$

式中，括号内的第一项代表肢杆变形对临界荷载的影响，第二项代表缀板变形对临界荷载的影响。

一般情况下，缀板的弯曲线刚度远远大于肢杆的弯曲线刚度，故可近似取 $EI_{\mathrm{b}} \to \infty$，并将 $F_{\mathrm{Pe}} = \dfrac{\pi^2 EI'}{l^2}$ 代入式（4.55），整理后可化简为

$$F_{\mathrm{Pcr}} = \frac{F_{\mathrm{Pe}}}{1 + F_{\mathrm{Pe}}\dfrac{d^2}{24EI_{\mathrm{d}}}} = \frac{F_{\mathrm{Pe}}}{1 + \dfrac{\pi^2 d^2}{24l^2} \cdot \dfrac{I'}{I_{\mathrm{d}}}} \tag{4.56}$$

式中，I' 与式（4.49）中的物理含义相同，代表整个组合杆件的截面惯性矩。

引入整个组合杆件的长细比 $\lambda_x = \dfrac{l}{r_x}$ 和肢杆的长细比 $\lambda_{\mathrm{d}} = \dfrac{d}{r_{\mathrm{d}}}$（$r_{\mathrm{d}}$ 为肢杆对其形心轴 1–1 的截面回转半径），式（4.56）可化简为

$$F_{\mathrm{Pcr}} = \frac{F_{\mathrm{Pe}}}{1 + \dfrac{\pi^2 d^2}{24l^2} \cdot \dfrac{r_x^2 A}{r_{\mathrm{d}}^2 A/2}} = \frac{F_{\mathrm{Pe}}}{1 + 0.82 \cdot \dfrac{\lambda_{\mathrm{d}}^2}{\lambda_x^2}} \tag{4.57}$$

若近似地用 1 代替式（4.57）中的系数 0.82，则式（4.57）可进一步化简为

$$F_{\mathrm{Pcr}} = \frac{\lambda_x^2}{\lambda_x^2 + \lambda_{\mathrm{d}}^2} F_{\mathrm{Pe}} \tag{4.58}$$

相应的计算长度系数 μ 和换算长细比 λ_{0x} 分别为

$$\mu = \sqrt{\frac{\lambda_x^2}{\lambda_x^2 + \lambda_{\mathrm{d}}^2}} \tag{4.59}$$

$$\lambda_{0x} = \mu \lambda_x = \sqrt{\lambda_x^2 + \lambda_{\mathrm{d}}^2} \tag{4.60}$$

式（4.60）就是钢结构设计规范中给出的缀板式双肢组合压杆换算长细比的计算公式。

思考与讨论

1. 什么叫结构的失稳？
2. 从失稳的性质来分，结构失稳破坏如何分类？每类问题的基本特征是什么？
3. 稳定方程即是根据稳定平衡状态建立的平衡方程，这句话是否正确？为什么？
4. 采用静力法和能量法确定第一类稳定问题临界荷载的基本原理和方法有何异同？
5. 欲提高弹性压杆的稳定性，主要有哪些常用措施？

习题

4.1 如图 4.28 所示窄梁失稳时发生的是哪种失稳破坏？并解释原因。

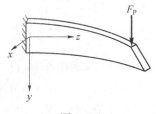

图 4.28

4.2　用静力法确定图 4.29 中下端是固定铰、上端是滑动支承的压杆的临界荷载。

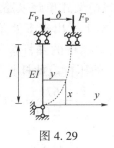

图 4.29

4.3　如图 4.30 所示杆件的刚度为无穷大，弹性支承的刚度为 k，试用能量法求出其临界荷载。

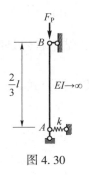

图 4.30

4.4　将如图 4.31 所示结构简化为具有弹性支座的轴压杆，试确定其计算模型，并计算出各弹性支座的刚度系数。

4.5　如图 4.32 所示，设 $y = Ax^2(l-x)^2$，用能量法求临界荷载。

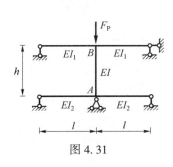

图 4.31

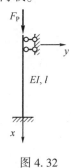

图 4.32

工程案例分析

1876 年 12 月 29 日晚 8 时许，一列由两辆机车和 11 节车厢组成的列车在美国阿什塔比拉河桥上通过。漫天大雪使列车只能以 16~19 km/h 的特慢速度行驶，当第一辆机车行驶至离对岸不到 15 m 时，司机感到列车在向后拽。于是他给足了汽，行驶了 45 m 停下来。他回头一看，机车后面什么都不见了。由于大桥断裂，后面的列车从 21 m 高坠入河中，列车因锅炉失火而烧毁，158 名乘客中有 92 人遇难。

该桥系双轨、跨长 37 m 的全金属桁架式单跨铁路桥，建于 1865 年。经调查，破坏原因是多方面的，如建好后草草验收、施工时出现多处差错、结构设计不合理等，但直接原因是压杆失稳。由现在分析可知，其斜撑杆的弹性模量 $E = 200 \times 10^9$ Pa，最大工作压应力为 41.2 MPa，可近似认为是两端铰支的压杆。此杆长细比为

$$\lambda = \frac{l}{i_{\min}} = \frac{671}{2.09} = 321$$

因此，该压杆属于细长杆。

按当时美国的设计规范规定，铸铁压杆的临界应力可根据戈登−兰金经验公式计算：

$$\sigma_{cr} = \frac{275}{1 + \dfrac{1}{40\ 000}\lambda^2} = 76.9(\text{MPa})$$

这相当于安全系数 $n = \dfrac{\sigma_{cr}}{\sigma} = \dfrac{76.9}{41.2} = 1.87$，结论自然是结构安全。

实际上，该压杆属于细长杆，要按欧拉公式 $\sigma_{cr} = \dfrac{\pi^2 E}{\lambda^2}$ 计算临界应力，试分析该桥为何会发生压杆失稳？

附录 A　主要符号表

符号	含义
A	面积
c	阻尼系数
E	弹性模量
E_P	结构总势能
f	工程频率
F_{AH}、F_{AV}	A 支座沿水平、竖直方向的反力
F_{Ax}、F_{Ay}	A 支座沿 x、y 方向的反力
F_P	集中荷载
F_{Pcr}	临界荷载
F_D	阻尼力
F_I	惯性力
F_N	轴力
F_R	支座反力、力系合力
F_S	剪力
F_u	极限荷载
$\boldsymbol{F}$	结点荷载向量
$\boldsymbol{F}_D$	直接结点荷载向量
$\boldsymbol{F}_E$	等效结点荷载向量
$\overline{\boldsymbol{F}}^e$	局部坐标系下的单元杆端力向量
$\boldsymbol{F}^e$	整体坐标系下的单元杆端力向量
$\overline{\boldsymbol{F}}^{Fe}$	局部坐标系下的单元固端力向量
$\boldsymbol{F}^{Fe}$	整体坐标系下的单元固端力向量
G	剪切模量
i	线刚度
i	虚数单位
I	截面惯性矩、冲量

符号	含义
I	单位矩阵
k	刚度系数
$\bar{k}^e$	局部坐标系下的单元刚度矩阵
k^e	整体坐标系下的单元刚度矩阵
K	结构刚度矩阵
l	杆长
m	质量
M	力矩、力偶矩、弯矩
M	质量矩阵
M_u	极限弯矩
M^F	固端弯矩
p	平行杆轴方向的均布荷载集度
q	垂直杆轴方向的均布荷载集度
R	广义反力
S	影响线量值
t	时间
T	周期、动能
T	坐标转换矩阵
u	水平位移
v	竖向位移
V	外力势能
V_E	应变能
W	平面体系自由度、功、弯曲截面系数
X	广义未知力
x、y	坐标值、动位移
Z	广义未知位移
α	线膨胀系数
Δ	广义位移
Δst	广义静位移
Δ	结点位移向量
δ	单位力引起的广义位移、柔度系数、侧移

符号	含义
ξ	阻尼比
θ	外激振力频率
μ	动力放大系数、长度系数
λ	长细比
σ_b	强度极限
σ_s	屈服应力
σ_u	极限应力
φ	角位移、初始相位角、振型元素
$\boldsymbol{\varphi}$	振型向量
ψ	相位差
$\boldsymbol{\Phi}$	振型矩阵
ω	自振圆频率

参 考 文 献

[1] 李廉琨，候文崎. 结构力学：上册 [M]. 7 版. 北京：高等教育出版社，2017.

[2] 李廉琨，候文崎. 结构力学：下册 [M]. 7 版. 北京：高等教育出版社，2017.

[3] 龙驭球，包世华，袁驷. 结构力学 I：基础教程 [M]. 4 版. 北京：高等教育出版社，2018.

[4] 龙驭球，包世华，袁驷. 结构力学 II：专题教程 [M]. 4 版. 北京：高等教育出版社，2018.

[5] 朱慈勉，张伟平. 结构力学：上册 [M]. 3 版. 北京：高等教育出版社，2016.

[6] 朱慈勉，张伟平. 结构力学：下册 [M]. 3 版. 北京：高等教育出版社，2016.

[7] 王焕定，祁凯. 结构力学 [M]. 2 版. 北京：清华大学出版社，2012.

[8] 杨弗康，李家宝，洪范文. 结构力学：上册 [M]. 6 版. 北京：高等教育出版社，2022.

[9] 杨弗康，李家宝，洪范文. 结构力学：下册 [M]. 6 版. 北京：高等教育出版社，2022.

[10] 蔚文杰，王楠，赵正松. 工程失败与工程科学：以塔科马海峡大桥事故为例 [J]. 工程研究（跨学科视野中的工程），2020，5：488-498.

[11] 杜雷鸣，李海旺，薛飞，等. 应县木塔抗震性能研究 [J]. 土木工程学报，2010，43（增刊）：363-370.

[12] 薛建阳，吴晨伟，浩飞虎，等. 应县木塔动力特性原位试验及有限元分析 [J]. 建筑结构学报，2022，43（2）：85-93.

[13] 住房和城乡建设部. 建筑抗震设计标准：GB/T 50011—2010：2024 年版 [S]. 北京：中国建筑工业出版社，2024.

[14] 中国建筑技术研究院标准设计研究所. 高层民用建筑钢结构技术规程：JGJ99—2015 [S]. 北京：中国建筑工业出版社，2015.

[15] 住房和城乡建设部. 高层建筑混凝土结构技术规程：JGJ 3—2010 [S]. 北京：中国建筑工业出版社，2010.

[16] 住房和城乡建设部. 混凝土结构设计标准：GB/T 50010—2010：2024 年版 [S]. 北京：中国建筑工业出版社，2024.

[17] 住房和城乡建设部. 木结构设计标准：GB 50005—2017 [S]. 北京：中国建筑工业出版社，2017.

[18] 住房和城乡建设部. 组合结构设计规范：JGJ 138—2016 [S]. 北京：中国建筑工业出版社，2016.

[19] 夏禾，张楠. 车辆与结构动力相互作用 [M]. 2 版. 北京：科学出版社，2005.

[20] 罗中云. "抗风神器" 如何守护摩天大楼？[N]. 北京科技报，2024-9-30（4）.

[21] 李青山. 韩国三丰百货大楼坍塌事故 [J]. 安全生产与监督，2016，4：50-51.